빅데이터를 활용한 어업지도 효율화모델 개발 연구

해양수산부

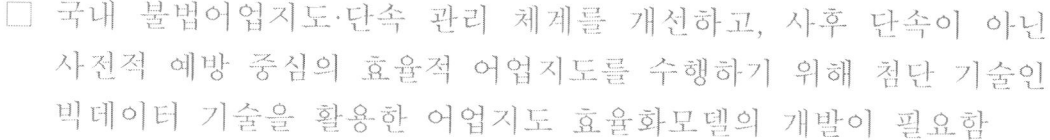

□ 국내 불법어업지도·단속 관리 체계를 개선하고, 사후 단속이 아닌 사전적 예방 중심의 효율적 어업지도를 수행하기 위해 첨단 기술인 빅데이터 기술을 활용한 어업지도 효율화모델의 개발이 필요함

□ 본 연구에서는 어업지도의 효율성 제고를 위해 빅데이터를 활용한 어업지도 효율화모델 개발의 방안을 제시하고, RFP를 도출하여 모델 개발에 소요되는 사업비를 산출함

□ 빅데이터를 활용한 어업지도 효율화모델의 개발 목표는 ① 불법어업 유형별 예측 모델 개발 ② 불법어업 및 어업지도 관련 정보 통합 및 공유 ③ 각종 불법어업 관련 보고서 산출 등을 통해 선제적 대응을 가능하게 하여 불법어업지도·단속의 효율성 제고에 기여하는 것임

□ 빅데이터를 활용한 어업지도 효율화모델의 개발 내용은 다음과 같음

- 첫째, '빅데이터 연계·수집 서비스'를 개발하여 다양한 유관기관의 정형 비정형 정보를 연계·수집하는 서비스를 제공함
- 둘째, '빅데이터 관리 서비스'를 개발하여 빅데이터 플랫폼 내의 사용자 및 서비스를 관리 할 수 있는 운영 관리 서비스를 제공함
- 셋째, '예측·분석 서비스'를 개발하여 데이터 분석을 시행하고 분석 결과를 시각화하여 사용자에게 제공함

□ 빅데이터를 활용한 어업지도 효율화모델 개발의 사업기간은 총 3년으로 구성됨

- 1차년도는 빅데이터 플랫폼 개발 및 시스템의 도입이 이루어짐
- 2차년도는 빅데이터 플랫폼 확장 개발 및 시스템 업그레이드를 진행함

- 3차년도는 어업지도 효율화모델 및 빅데이터 플랫폼의 유지보수와 데이터 관리업무를 수행하고 운영 업무 프로세스 관련 컨설팅을 진행함

□ 빅데이터를 활용한 어업지도 효율화모델의 개발에는 총 32억 원의 사업비가 소요될 것으로 판단됨

□ 기술적 타당성 분석 결과 기술개발의 성공 가능성 또한 높은 것으로 나타났으므로 해당 모델의 개발은 경제적·기술적 타당성을 가진다고 할 수 있음

- 해외에서는 EU 및 미국 등에서 제한적이나마 불법어업 예측 모델이 개발된 사례가 있으나 우리나라의 어업지도에 적용하는데 에는 한계점이 있음

□ 마지막으로, 빅데이터를 활용한 어업지도 효율화모델의 적용을 위해서는 전산정보 조직 구성 및 데이터 통합시스템 구축·운영과 관련한 법제도 정비가 필요할 것으로 판단됨

□ 또한 동 연구는 어업지도·단속 정책의 효율성 제고뿐만 아니라, 향후 수산정책 추진을 위한 다양한 정보 확보 및 정책에 적용 가능한 빅데이터 활용 기술을 향상시켜, 궁극적으로는 지속가능한 연근해 어업을 실현하는데 기여할 것으로 기대됨

EXECUTIVE SUMMARY

☐ Development of fishing control efficiency model using advanced big data technology is necessary. It aims to improve the control and crackdown management system of illegal fishing in domestic waters and carry out efficient fishing control centering on preventive measures instead of post-accident crackdown.

☐ This study suggests measures for developing fishing control efficiency model utilizing big data in order to improve the efficiency of fishing control. It also comes up with request for proposal (RFP), calculating project cost for the model development.

☐ The purpose of developing fishing control efficiency model which utilizes big data includes; ① the development of forecasting model for the type of illegal fishing, ② integration and sharing of illegal fishing and fishing control related information, ③ heightened efficiency of illegal fishing control and crackdown by producing various illegal fishing related reports which allow preemptive response.

☐ Details of the development of fishing control efficiency model utilizing big data are as follows;

- First, developing 'Big data connection and collection service' to link and collect various typical and atypical information of relevant organizations
- Second, developing 'Big data management service' to provide operation management service which enables to manage users and services within big data platforms
- Third, developing 'Forecasting and analysis service' to conduct data analysis and provide the result to users in a visualized format

☐ The project period for the development of fishing control efficiency model consists of three years.

- The first year develops a big data platform and introduces relevant systems
- The second year carries out the development of expanding the big data platform and system upgrades
- The third year proceeds with the maintenance of fishing control efficiency model as well as big data platforms, data management and consulting on operational job process

☐ The cost for the development of fishing control efficiency model utilizing big data is estimated to 3.2 billion won

☐ The analysis of technological feasibility shows that the chance of successful technological development is fairly high. Therefore, developing such a model is estimated to have both economic and technological feasibilities.

- Although limited, some cases of developing fishing control efficiency model have been reported from foreign countries in EU and the US. However, it has shown a limitation in applying to Korea's fishing control.

☐ Lastly, the fishing control efficiency model utilizing big data can be applied when relevant legal system is improved. The legal system relates to the organization of computer data system and the establishment and operation of data integration system.

☐ Not only to improve the efficiency of fishing control and crackdown policy, this study intends to enhance big data utilization technology which allows to secure various information and policies for implementing fisheries policy of the future. In the end, this study is expected to contribute to sustainable coastal fishing.

목차

제1장 서론 ··· 1
제1절 연구 필요성 및 목적 ·· 3
1. 연구 필요성 ·· 3
2. 연구 목적 ·· 4
제2절 연구 내용 및 방법 ·· 5
1. 연구 내용 ·· 5
2. 연구 방법 및 추진 체계 ·· 5

제2장 연근해 불법어업 및 어업지도 현황 ·· 7
제1절 국내 연근해 불법어업 현황 ··· 9
1. 불법어업 개념 ·· 9
2. 불법어업 유형 ·· 10
제2절 국내 연근해 어업지도 현황 ··· 13
1. 국내 연근해 불법어업 단속 현황 ·· 13
2. 중국어선 불법조업 단속 현황 ·· 17
3. 어업지도 관련 투입 재원 현황 ·· 17
4. 소결 및 시사점 ·· 21

제3장 빅데이터 기술 동향 및 시장 동향 ·· 23
제1절 빅데이터 개요 ·· 25
1. 빅데이터의 정의 ·· 25
2. 빅데이터 처리 기술의 분류 ··· 28
제2절 빅데이터 기술 동향 ·· 33
제3절 빅데이터 시장 동향 ·· 36
1. 해외 빅데이터 시장 전망-IDC 연구보고서 ··································· 36
2. 국내 빅데이터 시장 전망 - IDC 연구보고서 ································ 37

제4장 국내외 관련 사례 분석 ·· 39
제1절 국내사례 ·· 41
1. 국내 연구동향 ·· 41
2. 국내 빅데이터 모델 구축 사례 ·· 49
3. 소결 및 시사점 ·· 52
제2절 국외사례 ·· 53
1. EU IUU규정 이행 지원을 위한 IT기반의 위험평가모델 개발 ······ 53
2. Global Fishing Watch 빅데이터 분석 ··· 57
3. Vulcan Inc.'SkyLight' ·· 60
4. 소결 및 시사점 ·· 61

제5장 빅데이터를 활용한 어업지도 효율화모델 개발 방안(RFP 도출) ········· 63
  제1절 어업지도 효율화모델 개발 목표 ·· 65
    1. 개발 목표 ··· 65
    2. 구축 방향 ··· 66
  제2절 어업지도 예측모형 개발을 위한 요소기술 ·· 68
    1. 플랫폼 구축 개요 ·· 68
    2. 빅데이터 플랫폼 구성 ·· 69
    3. 빅데이터 플랫폼 개발 구성요소 ··· 72
  제3절 어업지도 효율화모델의 경제적·기술적 타당성 분석 ······························ 96
    1. 경제적 타당성 분석 ·· 96
    2. 기술적 타당성 분석 ·· 100
  제4절 사업추진 로드맵 ·· 106
    1. 사업추진 체계 ··· 106
    2. 사업추진 내용 ··· 106
    3. 사업추진 일정 ··· 108
  제5절 어업지도 효율화모델 구축 및 운영 사업비 ·· 110
    1. 전체 구축 및 운영 사업비 ··· 110
    2. 연차별 구축 및 운영 사업비 ··· 110

제6장 어업지도 효율화모델의 기대효과 및 법제도 정비방향 ················· 115
  제1절 어업지도 효율화모델 개발을 위한 법제도 정비 방향 ························ 117
    1. 법제도 현황 ··· 117
    2. 법제도 정비방향 ··· 126
  제2절 빅데이터를 활용한 어업지도 효율화모델 개발의 기대효과 ················ 127
    1. 사회·경제적 기대효과 ··· 127
    2. 기술적 기대효과 ··· 127
    3. 정책적 기대효과 ··· 127
    4. 어업지도 효율화모델 활용방안 ·· 127

참 고 문 헌 ·· 129

부 록 ·· 133

표 목 차

<표 2-1> 불법어업 관련 법률 ··· 10
<표 2-2> 해역별 불법어업 유형 ··· 11
<표 2-3> 시기별 업종별 불법어업 유형 ·· 12
<표 2-4> 업종별 국내 불법어업 단속 현황(2016) ································· 14
<표 2-5> 시기별 국내 불법어업 단속 현황 ·· 15
<표 2-6> 지역별 국내 불법어업 단속 현황(2016) ································· 16
<표 2-7> 중국어선 불법어업 단속 현황 ·· 17
<표 2-8> 어업관리단 어업지도 관련 예산 현황(2017년) ······················ 18
<표 2-9> 어업관리단 인원 및 장비 현황(2017) ····································· 18
<표 2-10> 해양경찰 어업지도 관련 예산 현황(2017) ··························· 19
<표 2-11> 해양경찰 장비 현황(2017) ·· 20
<표 2-12> 지방자치단체 어업지도 관련 예산 현황(2017) ···················· 20
<표 2-13> 연도별·기관별 불법어업 단속 현황 ······································· 21

<표 3-1> Open Source 빅데이터 DBMS 비교 ······································· 30
<표 3-2> 시각화 기술(예) ·· 32
<표 3-3> 글로벌 IT 기업의 빅데이터 사업 추진 현황 ·························· 34
<표 3-4> 국내 IT 기업의 빅데이터 사업 추진 현황 ······························ 35

<표 4-1> 분석 결과 ··· 45
<표 4-2> 공공 데이터 ··· 48
<표 4-3> 참여형 데이터 ··· 49
<표 4-4> 의사결정 지원도구 개발 과정 ·· 54
<표 4-5> 가상 데이터 세트 설정 ·· 55
<표 4-6> 10가지 가정 및 가상 시뮬레이션 설정 ··································· 55
<표 4-7> 해외 불법어업 예측 모델의 비교 ·· 62

<표 5-1> 기관별 데이터 보유현황 ·· 75
<표 5-2> 경제적 타당성 분석 결과 ·· 100
<표 5-3> 기술 사업 중복성 검토 ·· 106
<표 5-4> 1차년도 세부 사업일정 계획 ·· 108
<표 5-5> 2차년도 세부 사업일정 계획 ·· 109
<표 5-6> 총 사업비 ··· 110
<표 5-7> 1차년도 사업비 ··· 111
<표 5-8> 2차년도 사업비 ··· 112
<표 5-9> 3차년도 사업비 ··· 113

<표 6-1> 법제도 현황 ··· 117

그림목차

[그림 1-1] 연구 흐름도 ··· 6
[그림 1-2] 연구 추진체계 ·· 6

[그림 3-1] Meta Group - Data Management Solutions ··························· 26
[그림 3-2] 빅데이터 생성배경 ·· 27
[그림 3-3] 빅데이터를 구성하는 데이터 종류 및 속성 ······························ 27
[그림 3-4] 빅데이터 처리 요소기술 ··· 28
[그림 3-5] 빅데이터 기술 동향 ·· 33

[그림 4-1] 전체 분석절차 ·· 45
[그림 4-2] 교통사고 데이터 분석절차 ··· 46
[그림 4-3] 데이터 표준화 과정 ·· 46
[그림 4-4] 분석 체계 ··· 48
[그림 4-5] 스마트 빅보드 메인화면 ··· 50
[그림 4-6] 교통안전정보관리체계 ·· 52
[그림 4-7] 의사결정 지원도구 개발 과정 도식화 ······································ 54
[그림 4-8] R Shiny로 구축한 웹 어플리케이션 화면 ······························· 57
[그림 4-9] 선박 추적 궤적 ·· 58
[그림 4-10] Global Fishing Watch Web Service 화면 ························· 58
[그림 4-11] Global Fishing Watch 분석 알고리즘 ································· 59
[그림 4-12] SkyLight 서비스 제공화면 ·· 61

[그림 5-1] 어업지도 효율화모델 플랫폼 구축 개념 ··································· 68
[그림 5-2] 어업지도 효율화모델 개발을 위한 빅데이터 플랫폼 구성(안) ·· 69
[그림 5-3] 어업지도 효율화모델 개발을 위한 빅데이터 플랫폼 HW 구성(안) ·· 70
[그림 5-4] 어업지도 효율화모델 개발을 위한 빅데이터 플랫폼 개발 구성(안) ·· 72
[그림 5-5] 어업지도 효율화모델 개발을 위한 빅데이터 연계·수집 서비스 개념 ·· 73
[그림 5-6] 빅데이터 연계·수집 서비스 예시 화면 - 연계기관 관리 ········· 74
[그림 5-7] 빅데이터 플랫폼 관리 서비스 예시 화면 - 사용자 관리 ········· 79
[그림 5-8] 빅데이터 플랫폼 관리 서비스 예시 화면 - 운영모니터링 화면 ·· 79
[그림 5-9] 어업지도 효율화모델 개발을 위한 예측·분석 서비스 개념 ····· 80
[그림 5-10] Real-time 서비스 ·· 80
[그림 5-11] 분산처리 분석 서비스 ·· 81
[그림 5-12] 사용자 주도 분석 ··· 81
[그림 5-13] 불법어업 예측 모형 개발 ··· 82
[그림 5-14] 어업지도 효율화모델 개발 시 분석·예측 서비스 적용(예) ··· 83
[그림 5-15] 빅데이터 분석 수행 후 사용자에게 제공되는 대쉬보드 구성(안) ·· 83

[그림 5-16] GIS 그래프 표시(예) ·· 84
[그림 5-17] 어업지도 효율화모델 전자지도 화면 구성(안) ··· 85
[그림 5-18] 어업지도 효율화모델 전자지도 화면 구성(안) ··· 85
[그림 5-19] 전자지도 모델을 적용할 전자지도 격자(대) 화면 구성(안) ························ 86
[그림 5-20] 전자지도 모델을 적용할 전자지도 격자(소) 화면 구성(안) ························ 86
[그림 5-21] 전자지도 모델을 적용할 전자지도 격자 화면 구성(안) ······························· 87
[그림 5-22] GIS 상 격자 발생가능지수 표출(안) ·· 88
[그림 5-23] GIS 상 격자 발생가능지수 표출(안) ·· 88
[그림 5-24] 어업지도 예측분석 수행 후 사용자에게 제공되는 전자지도(안) ················· 90
[그림 5-25] 어업지도 예측분석 수행 후 불법어업 어선의 위치 전자지도(안) ··············· 90
[그림 5-26] 불법어업단속 실적 지역-구역별 결과 전자지도(안) ··································· 91
[그림 5-27] 어업지도 예측분석 수행 후 전자지도 상의 어선 현황(안) ························· 91
[그림 5-28] 어업지도 예측분석 수행 후 전자지도 상의 선주의 어선 현황(안) ·············· 92
[그림 5-29] 전자지도 상의 어업지도선의 불법 어선의 단속 위치 현황(안) ·················· 92
[그림 5-30] 전자지도 상의 해역별 어업지도선의 불법 어선의 단속 위치 현황(안) ······· 93
[그림 5-31] 어업지도 해구별 통계 서비스 화면(안) ··· 93
[그림 5-32] 어업지도 유형별 해역별 통계 서비스 화면(안) ··· 94
[그림 5-33] 어업지도 관련 보고서 화면(안) ··· 94
[그림 5-34] 언어처리 비정형 분석 예 - 워드 클라우드 ··· 95
[그림 5-35] 언어처리 비정형 분석 예 - 뉴스 (이슈) ··· 95
[그림 5-36] 가트너(Gartner)의 '하이프 사이클(Hype Cycle)' ······································ 96
[그림 5-37] 어업지도 효율화모델 개발을 위한 빅데이터 플랫폼 구축 사업 추진 체계 ········ 106

제1장 서론

제1장 서론

제1절 연구 필요성 및 목적

1. 연구 필요성

1) 어업지도·단속 관리 체계 개선 필요

○ 우리나라의 불법어업지도·단속은 신고 및 담당관의 검문검사, 우범지역 단속강화 등 사후 단속 중심으로 이루어지고 있으며, 지도·단속에 투입되는 인적·물적 자원은 한정적인데 반해 관할 수역이 광범위하고 위반 유형이 해역별·업종별·시기별로 매우 다양하여 효과적인 지도·단속을 위한 기술적·정책적 개선방안 마련이 시급함

2) 어업지도 효율성 제고 필요

○ 점차 교묘화·복잡화되고 있는 불법어업에 대응하여 어업지도의 효율성을 제고시키기 위해 기존 단속시스템을 정비할 필요가 있으며, 효과적인 어업지도를 위한 기술적인 시스템의 추가가 필요함

○ 어업지도의 효율성 제고를 통해 단속 및 예방에 소요되는 비용의 저감을 도모할 필요가 있음

3) 빅데이터 기술 발전으로 어업지도 활용 가능성 증가

○ 모바일, 인터넷과 소셜미디어(SNS)가 등장한 이후, 대용량 디지털 데이터의 생산-유통-소비는 빠른 속도로 급증하고 있으며 데이터가 곧 경제적 자산이 되는 '빅데이터 시대'시대가 도래함
  - 빅데이터란 기존의 통상적으로 사용되는 데이터의 수집 및 관리, 처리와 관련된 소프트웨어의 한계를 넘어서는 크기의 데이터로서 기존 방식으로는 데이터의 수집, 저장, 검색, 분석 등이 어려운 데이터를 총칭하는 용어를 말함

o 빅데이터는 실시간 생성-저장-처리가 가능하며, 이를 통해 현재 혹은 미래를 예측하거나 최적화하는 의사결정 등에 활용될 수 있어 차세대 유망기술의 핵심 투입 요소로 급성장하고 있음

- 빅데이터를 통한 예측기반의 의사결정은 국가미래전략 수립, 사회현안 해결, 공공서비스 혁신 등 공공부문 및 기업의 생산·효율성 향상 등 민간부문 경쟁력 강화 등 다양한 부문에 활용 가능함

o 이러한 맥락에서 (사후)단속 중심의 어업관리 방식에서 빅데이터를 활용한 (예측)예방 중심의 어업관리 방식으로 정책적·기술적 패러다임 변화는 시간·비용절감 측면에서 불법어업지도·관리의 효율성을 제고하는 데 있어 중요한 전환점이 될 것으로 예상됨

o 국내뿐만 아니라 EU 등 국제사회에서도 효과적인 IUU어업 근절을 위한 방안으로 예측기반의 IT시스템을 개발하여 IUU 규정 이행을 지원하고자 추진하고 있음

- EU에서는 2018년 개발을 목표로 선박정보 및 어획보고, 과거 항해경로, 위법사례 등의 데이터 수집·분석을 통해 해당 선박의 IUU 어업 가능성을 예측하여 IUU 규정 이행 및 어업 통제, 감시에 적용하는 방안을 추진하고 있음

4) 빅데이터를 활용한 어업지도 모형 개발 기획 연구 필요

o 이상에서 논의한 바와 같이 빅데이터를 어업지도에 활용하기 위해서는 모델 개발에 앞서 방대한 관련 정보의 분석과 기술적으로 불법어업 예측을 위한 모델 개발에 대한 기술수요 조사 및 모델 개발의 경제적 타당성 등 분석 등 기초 연구가 필요함

2. 연구 목적

o 불법어업 등 어업지도의 효율성 제고를 위한 어업지도 예측 모델 개발 방안 제시

- 불법어업을 감소시킴과 동시에 시간, 인적·물적 자원 및 비용을 최소화할 수 있는 방안 모색

o 불법어업 예측을 기반으로 한 어업지도 효율화모델 개발을 위한 RFP도출

- 어업지도 효율화모델 개발 소요 사업비 산출

제2절 연구 내용 및 방법

1. 연구 내용

- ㅇ 빅데이터를 활용한 어업지도 효율화모델 개발의 필요성 분석

- ㅇ 국내외 관련 사례 분석

- ㅇ 빅데이터를 활용한 어업지도 효율화모델 RFP 작성

- ㅇ 빅데이터를 활용한 어업지도 효율화모델 개발 타당성 분석

- ㅇ 빅데이터를 활용한 어업지도 효율화모델 개발 소요사업비 추산

- ㅇ 빅데이터를 활용한 어업지도 효율화모델 개발의 기대효과 및 법제도 정비방향 제시

2. 연구 방법 및 추진 체계

1) 연구방법

- ㅇ 문헌조사
  - 빅데이터 연구동향 및 수산분야 빅데이터 활용 현황 분석, 빅데이터 활용 정책 현황, 불법어업 현황 및 어업지도·단속 현황, 불법어업 관련 정책 동향, 국내외 사례 분석 등은 우선적으로 논문 및 정책 자료 등 문헌 조사를 기본으로 함

- ㅇ 통계분석
  - 불법어업과 관련한 해역별·업종별·유형별 분포, 단속실적 등 현황을 분석함

- ㅇ 전문가 자문
  - 불법어업 단속 및 어업지도 관련 정보공유를 위한 산·학·연·관 등 관계 전문가 자문회의 및 원고 자문 등 전문가의 의견을 연구에 반영하여 연구의 객관성과 품질을 제고함
  - 수산업협동조합(조업정보, 불법어업정보, 해역별 업종(어구 정보)), 해양경찰(불법어업정보), 관련 부처 및 어업관리단(불법어업정보), 기상청(날씨정보), 국립수산과학원(해황 정보, 자원이동 정보), 통신사(조업선박 위치 파악)

○ 위탁연구
- 어업지도 효율화모델 개발 방향 제시 및 예상 사업비 도출은 빅데이터 및 정보시스템 구축 관련 기술을 보유한 전문기관에 위탁함으로써 연구결과의 전문성과 품질을 제고함

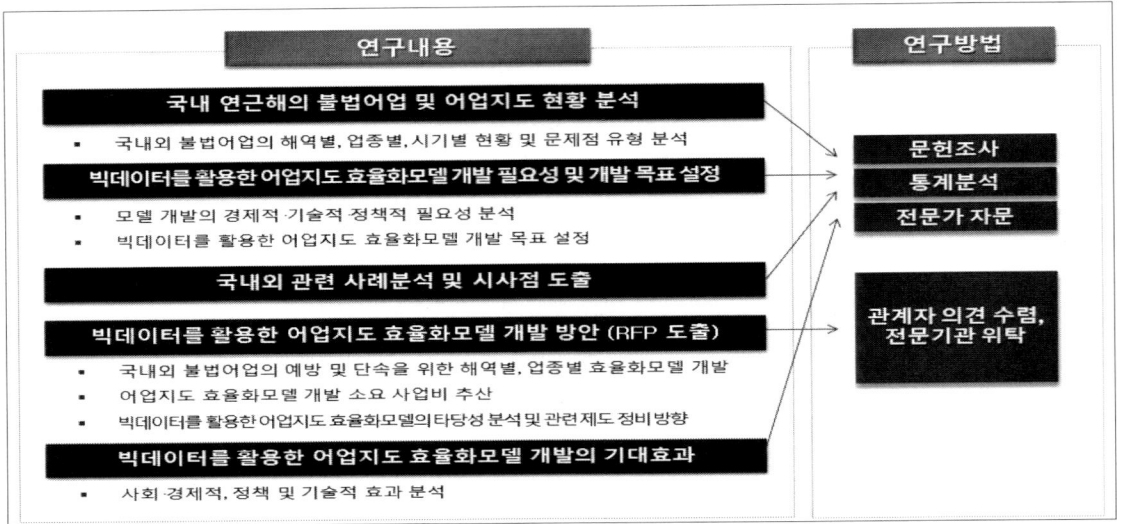

〔그림 1-1〕 연구 흐름도

2) 연구 추진 체계

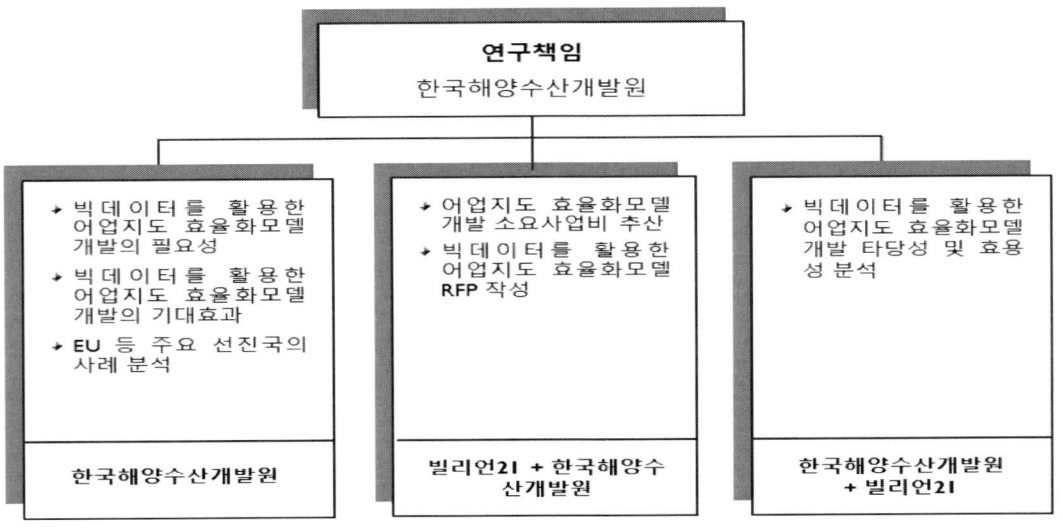

〔그림 1-2〕 연구 추진체계

제2장 연근해 불법어업 및 어업지도 현황

제2장 연근해 불법어업 및 어업지도 현황

제1절 국내 연근해 불법어업 현황

1. 불법어업 개념

○ 불법어업이란, 현재 국내법상에서 일반적으로 개별 수산관계법령이나 규칙 등을 위반하는 어업을 불법어업으로 정의하고 있음

- 국제법상 불법어업(Illegal Fishing)이라 함은 연안국 또는 지역수산기구 등의 관할 수역 내에서 허가를 받지 않거나 관련 법률·법규정 및 의무사항 등을 위반한 어업활동을 말하며, 그러한 활동 이외에도 협약에서 규정한 어업활동 보고를 이행하지 않거나 관할수역 또는 협약에 따른 규제를 받지 않는 비회원국의 어업활동 등 해양의 지속가능성을 저해하는 어업활동을 불법·비보고·비규제(Illegal, Unreported Unregulated Fishing, IUU)어업으로 규정하고 이에 대한 엄중한 제재를 가하고 있음

○ 국내 불법어업과 관련한 수산관계법령으로는 수산업법, 어선법, 배타적 경제수역에서의 외국인 어업 등에 대한 주권적 권리의 행사에 관한 법률, 어업자원보호법, 수산자원관리법, 연근해어업의 구조개선 및 지원에 관한 법률, 낚시 관리 및 육성법에 관한 법이 있으며,

- 각 법률에서 어업감독에 관한 규율, 안전조업에 관한 규율, 어업허가에 관한 규율, 수산자원 보호에 관한 규율, 행정적 제재 및 벌칙에 관한 부분 등을 담고 있음

○ 국내 연근해어업의 불법어업은 해역별 주 업종 및 어법·어구, 어종 등에 차이에 따라 다양한 유형으로 구분됨

- 주로 발생하는 불법어업 유형에는 어구위반(불법·변형어구 사용·제작·판매) 및 어린 물고기 포획·채취·유통, 조업금지구역 및 금지기간 위반, 무허가 불법조업, 어구실명제 위반, 어구 초과 부설 등이 있음
- 동해안의 경우, 자망, 통발, 트롤어업에서 공조조업 및 조업구역 위반이 주로 발생하고 있으며, 특히 트롤어업과 오징어채낚기어업의 공조조업이 중요한 현안 문제가 되고 있음

- 남해안의 경우, 연안선망 및 새우조망 등의 연안업종과 트롤, 근해형망, 통발, 잠수기 등 다양한 업종에서 조업구역 이탈·침범 및 어구수 제한 위반이 주로 발생하고 있으며, 특히 중·대형기선저인망에 의한 조업금지구역 위반과 불법어구(전개판) 사용이 문제가 되고 있음
- 서해안의 경우, 주로 연안어업 및 형망어업에서 불법어업이 발생하고 있으며, 위반사항은 무허가 조업, 조업기간·구역위반, 사용어구 위반 등임

<표 2-1> 불법어업 관련 법률

법률명	주요내용
수산업법	면허어업, 허가 및 신고어업 어업조정, 수산업의 육성, 수산발전기금
어선법	어선건조허가, 등록 및 검사 등 안전관리
배타적 경제수역에서의 외국인 어업 등에 대한 주권적 권리의 행사에 관한 법률 ("EEZ 어업법")	EEZ 내 외국인 어업활동에 대한 주권적 권리 행사
어업자원보호법	어업자원 보호를 위한 관할 수역 설정
수산자원관리법	수산자원관리 기본계획 수립 수산자원의 보호·회복 및 조성
연근해어업의 구조개선 및 지원에 관한법률	연근해어업의 구조개선, 어업인 지원, 어선감척 및 어업선진화 시행계획 수립
낚시 관리 및 육성법	건전한 낚시문화 정착 및 낚시산업 육성

자료 : 한국법제연구원, 불법어업 유형별 분석과 지도단속 및 제도개선 방안 연구, 2014.12.

2. 불법어업 유형

1) 해역별 불법어업 유형

○ 해역별로 나타나는 불법어업의 유형을 살펴보면 동해안에서는 어구사용량 초과, 어구실명제 위반, 불법어구 사용들의 어구 위반, 포획금지 대상을 포획하는 포획금지 위반, 조업구역 위반이 나타나고 있으며, 이외에도 광력기준 위반과 공조조업 등의 유형이 나타나고 있음

○ 남해안에서는 어구 위반, 야간조업, 조업구역 위반, 무허가 어업등의 유형이 나타나고 있으며, 서해안에서는 허가 대상이 아닌 어종의 포획, 무허가, 어구 위반, 포획 금지 위반, 조업기간 위반, 조업구역 위반 등의 유형이 나타나고 있음

<표 2-2> 해역별 불법어업 유형

해역	업종	주요 불법어업 유형
동해안	자망, 통발	어구사용량 초과, 어구실명제 위반 등
	자망	불법어구 사용(2중 이상 자망 등)
	오징어채낚기	광력기준 위반
남해안	자망, 통발	어구사용량 초과, 어구실명제 위반 등
	기선권현망	선형·어구변형및 야간조업
	새우조망	구획위반, 어구위반, 어획물(새우) 위반
	연안·소형선망	진해군항수역 불법조업
	대구호망	무허가 설치 및 어장 선점 등
	중·대형저인망	조업구역 위반, 불법어구(전개판) 사용 등
서해안	연안조망/근해형망	무허가 및 조업기간 위반/패류 외 잡어포획 행위
	연안조망	무허가 조업, 어구 및 조업구역 위반
	근해형망	조업금지기간(6.1~7.31) 조업
	자망, 통발	꽃게금어기, 체장미달 위반
	안강망, 선망	어구(세목망) 사용기간 위반
	연안·소형선망	어구 형태 및 사용방법 반(어구변형)/ 조업구역 위반
	근해통발	서해특정해역 침범

자료 : 수산업협동조합 수산경제연구원, 연근해어업의 자율적 수산자원 관리 방안, 2015.11.

2) 시기별 불법어업 유형

○ 업종에 따라 불법어업이 발생하는 시기가 다르게 나타남

○ 2월에서 3월에는 자망, 통발, 기선권현망의 불법어업이 발생하며, 자망과 통발은 어구 위반, 기선권현망의 경우 선형·어구변형 및 야간조업 행위가 나타남

○ 3월에서 5월 사이에는 중형 대형 저인망의 조업금지구역 위반 및 어구 위반이 발생하며, 4월에는 저인망과 자망에서 조업구역과 어구위반이 발생함

○ 5월에는 연안조망의 무허가 조업, 어구 및 조업구역 위반 행위가 나타나며, 6월은 근해형망의 조업시기 위반이 발생함

○ 7월에는 자망, 통발, 안강망, 선망에서 포획금지, 어구 위반 등의 불법어업 행위가 나타나며 8월은 연안·소형선망의 어구 및 조업구역 위반 행위가 발생함

○ 9월은 새우조망에서 불법어업 행위가 나타나며, 9월에서 12월에는 중형 대형 저인망의 조업 금지 구역 및 어구 위반이 발생함

○ 10월에는 연안·소형선망, 대구호망, 근해통발 업종에서 조업구역 위반 및 무허가 어업 행위가 나타나며, 11월에는 오징어 채낚기의 광력기준 위반, 오징어채낚기와 트롤의 공조조업 등의 위반 행위가 발생함

○ 12월은 중·대형저인망의 조업 금지 구역 및 어구 위반이 발생함

<표 2-3> 시기별 업종별 불법어업 유형

시기	업종	내용
2~3월	자망, 통발	• 어구사용량 초과, 어구실명제 위반 등
	기선권현망	• 선형·어구변형 및 야간조업
3~5월	중·대형저인망	• 조업금지구역 위반, 불법어구(전개판) 사용 등
4월	저인망, 자망	• 조업구역 위반, 불법어구 사용
	자망	• 불법어구 사용(2중 이상 자망 등)
5월	연안조망	• 무허가 조업, 어구 및 조업구역 위반
6월	근해형망	• 조업금지기간(6.1~7.31) 조업
7월	자망, 통발	• 꽃게금어기, 체장미달 위반
	안강망, 선망	• 어구(세목망) 사용기간 위반
8월	연안·소형선망	• 어구 형태 및 사용방법 위반(어구변형) • 연안선망 조업구역 위반
9월	새우조망	• 구획위반, 어구위반, 어획물(새우) 위반
9~12월	중·대형저인망	• 조업금지구역 위반, 불법어구(전개판) 사용 등
10월	연안·소형선망	• 진해군항수역 불법조업
	대구호망	• 무허가 설치 및 어장 선점 등
	근해통발	• 서해특정해역 침범
11월	오징어채낚기	• 광력기준 위반
	오징어채낚기 트롤	• 광력기준 위반, 공조조업, 조업구역 위반
12월	중·대형저인망	• 조업금지구역 위반, 불법어구(전개판) 사용 등

자료 : 수산업협동조합 수산경제연구원, 연근해어업의 자율적 수산자원 관리 방안, 2015.11.

제2절 국내 연근해 어업지도 현황

1. 국내 연근해 불법어업 단속 현황

○ 그동안 불법어업 근절을 위한 정부의 지속적인 지도·단속 및 제도개선, 인근 연안국과의 협력, 민간차원에서의 준법어업 노력에도 불구하고 불법어업은 여전히 지속되고 있음

- 최근 국내 연근해어업 불법어업 단속 건수는 2005년 4천여 건에서 최근 2천여 건 내외로 감소되었으나 어구 및 광력기준 위반 등 고질적 불법어업은 지속적으로 행해지고 있음
  - 국내 연근해 불법어업 단속실적: (`11)3,293 → (`12)2,833 → (`13)2,959 → (`14)2,213 → (`15)1,817 → (`16)1,700
- 업종별로는 허가 건수 대비 근해어종 단속비율(26%)이 높은 것으로 나타나 자원남획 위험성이 큰 것으로 나타남
  - 근해 어업 단속 비율: (`13)79건/20% → (`14)61건/20% → (`15)103건/26%

1) 업종별 단속 현황

○ 2016년의 국내 연근해 업종의 불법어업 단속 결과를 기준으로 유형을 파악해보면 여러 유형가운데 어구 위반이 가장 많은 것으로 나타났으며 무허가 무면허 어업, 기타, 포획금지 위반, 허가제한조건위반, 조업구역 위반 유형의 순으로 단속 건수가 높게 나타남

○ 전체 단속 건수가운데 어구 위반이 가장 단속건수가 많은 것으로 나타났으나 각 업종별 단속 건수를 살펴보면 업종별로 주된 불법어업의 유형이 다른 것을 알 수 있음

○ 상세 업종별 단속 건수를 살펴보았을 때 근해어업은 주로 어구위반, 허가제한조건위반이 나타나고 있으며 채낚기업종의 단속 건수가 가장 높은 것을 알 수 있음

○ 그 외 기타, 잠수기, 트롤, 근해자망, 대형기저, 근해안강망, 권현망, 근해통발, 중형기저, 선망, 근해연승의 순으로 단속 건수가 높게 나타남

○ 연안어업의 경우 주로 나타나는 불법어업의 유형은 어구위반과 무허가무면허, 포획금지 위반인 것을 알 수 있으며, 연안자망의 단속건수가 가장 많은 것으로 나타남

○ 그 외에 연안통발, 연안복합 기타, 안강망류, 연안선망, 연안조망 순으로 단속 건수가 높게 나타났음

○ 구획어업의 경우 여러 무허가 어구위반, 무면허 어업으로 인한 불법어업 단속건수가 가장 높게 나타남

○ 구획어업에서 단속건수는 이동성어업, 정치성 어업 순으로 높게 나타남

<표 2-4> 업종별 국내 불법어업 단속 현황(2016)

(단위 : 건)

구분		계	무허가 무면허	조업 구역	허가제한 조건위반	어구위반	포획금지 위반	기타
합계		1,700	349	74	84	765	146	282
근해 어업	계	218	16	29	66	70	8	29
	채낚기	55	0	3	45	1	0	6
	기타	42	5	5	4	22	3	3
	잠수기	26	0	1	7	15	1	2
	트롤	21	0	3	10	1	1	6
	근해자망	19	0	3	0	9	2	5
	대형기저	13	2	4	0	6	0	1
	근해안강망	12	0	2	0	10	0	0
	권현망	11	8	3	0	0	0	0
	근해통발	7	0	2	0	2	1	2
	중형기저	6	1	2	0	1	0	2
	선망	5	0	1	0	3	0	1
	근해연승	1	0	0	0	0	0	1
연안 어업	합계	963	161	34	14	563	100	91
	연안자망	321	40	10	1	182	51	37
	연안통발	230	15	7	5	159	28	16
	연안복합	171	38	1	3	97	12	20
	기타	80	24	4	0	36	2	14
	안강망류	75	13	1	4	55	1	1
	연안선망	53	17	11	0	22	0	3
	연안조망	33	14	0	1	12	6	0
구획 어업	합계	146	54	9	4	59	11	9
	이동성	88	23	2	4	53	2	4
	정치성	58	31	7	0	6	9	5
면허어업		132	49	2	0	17	14	50
신고어업		29	3	0	0	1	6	19
어획물운반		8	1	0	0	2	0	5
기타		204	65	0	0	53	7	79

자료 : 해양수산부 내부자료

2) 시기별 단속 현황

○ 최근 5년간의 월별 단속 실적을 살펴보면 시기별로 단속 건수에 차이가 나타남을 알 수 있음

○ 5년 평균 단속 건수가 가장 높게 나타난 달은 12월이며, 단속건수가 가장 낮게 나타난 달은 2월임

○ 그러나 세부적으로 살펴보면 각 연도별로 단속건수가 높게 발생하는 시기가 다르게 나타나고 있음
   - 2012년 12월, 2013년 5월, 2014년 12월, 2015년 4월, 2016년 5월

<표 2-5> 시기별 국내 불법어업 단속 현황

(단위 : 건)

구분			2016	2015	2014	2013	2012
순위	구분	합계	1,700	1,817	2,091	2,959	2,833
9	1월	758	136	162	60	263	137
12	2월	698	104	125	77	236	156
5	3월	861	142	169	77	228	245
6	4월	845	120	207	61	231	226
2	5월	1,247	200	163	88	455	341
4	6월	915	179	199	97	192	248
7	7월	834	125	150	109	207	243
10	8월	743	160	139	80	217	147
11	9월	708	118	107	98	191	194
3	10월	1,067	143	168	202	277	277
8	11월	783	153	135	149	207	139
1	12월	1,941	120	93	993	255	480

자료 : 해양수산부 내부자료

3) 지역별 단속 현황

○ 2016년의 단속 현황을 살펴보면 해역별로는 동해의 불법어업 발생률이 가장 높았으며 어구위반이 가장 많은 비중을 차지하고 있음

○ 지역별로는 전남의 단속 건수가 가장 높게 나타났으며 어구위반과 무허가무면허 어업의 비중이 높은 것으로 나타남. 반면 단속건수가 가장 낮은 지역은 제주지역임

○ 그 외 지역은 대부분 어구위반의 유형이 가장 많은 것으로 나타났으나 전북의 경우 무허가 무면허 어업의 단속 건수가 가장 높은 것으로 나타남

<표 2-6> 지역별 국내 불법어업 단속 현황(2016)

(단위 : 건)

구분	계	무허가 무면허	조업 구역	허가제한 조건위반	어구위반	포획금지 위반	기타
계	1700	349	74	84	765	146	282
동해	533	53	5	56	254	80	85
서해	381	85	36	6	205	22	27
울산	11	1	0	0	5	0	5
인천	51	6	8	4	31	0	2
부산	19	9	0	1	9	0	0
경기	32	4	1	0	17	1	9
강원	46	1	6	8	1	11	19
충남	113	32	5	0	57	2	17
전북	39	26	1	0	9	0	3
전남	397	128	6	7	168	18	70
경북	61	4	5	0	8	11	33
경남	10	0	0	2	0	0	8
제주	7	0	1	0	1	1	4

자료 : 해양수산부 내부자료

2. 중국어선 불법조업 단속 현황

○ 중국어선의 불법조업은 강력한 단속에도 불구하고 여전히 성행하고 있어 이에 대한 선제적인 대응 시스템을 구축하여 단속의 효율성을 제고할 수 있는 방안이 모색되어야 함

- 한·중 어업공동위원회, 2015년 10월 「IUU어업 방지 한·중 공동조치 합의문」 채택
- 중국어선 불법어업 단속실적 : (`11)534척 → (`12)521척 → (`13)487 → (`14)341척 → (`15)568척 → (`16)405척

<표2-7> 중국어선 불법어업 단속 현황

(단위: 척, 백만 원)

구분	단 속 실 적					담보금 징수
	계	영해침범	무허가	특정금지	제한조건 위반 등	
2015	568	11	109	17	431	26,449
2014	341	24	85	19	213	18,997
2013	487	34	149	13	291	24,417
2012	467	31	106	34	296	17,149
2011	534	32	170	17	315	14,416

자료 : 해양수산부 홈페이지(2017.06.01. 검색)

3. 어업지도 관련 투입 재원 현황

1) 어업관리단

○ 현재 어업관리단은 동해, 서해, 남해 총 3개로 구성되어 있으나 남해어업관리단의 경우 2017년 신설되어 예산이 분리되어 있지 않고 동해어업관리단의 예산에 속해있음

○ 어업관리단은 어업지도를 목적으로 설립되었으므로 어업관리단의 운영에 사용되는 예산은 모두 어업지도와 관련이 있는 예산이라고 간주함

○ 2017년 기준 동해어업관리단의 예산 합계는 52,097백만 원이며, 서해어업관리단의 예산은 84,072백만 원으로 어업관리단의 총 예산은 136,169백만 원임

○ 이 중 어업지도선의 관리 및 운영에 사용되는 예산은 총 29,434백만 원으로 동해어업관리단에 18,340백만 원, 서해어업관리단에 11,094백만 원이 편성되어 있음

- 동해어업관리단 어업지도선 유류비 : 9,913백만 원
- 서해어업관리단 어업지도선 유류비 : 6,230백만 원

○ 한편 어업지도 정보화를 위해 사용되는 예산은 668백만 원이며 동해어업관리단에 549백만 원, 서해어업관리단에 119백만 원이 편성됨

<표 2-8> 어업관리단 어업지도 관련 예산 현황(2017년)

(단위 : 백만 원)

구분	동해·남해어업관리단	서해어업관리단	합계
예산 총액	52,097	84,072	136,169
(어업지도선 관리 및 운영 : 합계)	18,340	11,094	29,434
(어업지도선 관리 및 운영 : 유류비)	9,913	6,230	16,143
(어업지도정보화 : 합계)	549	119	668

주 : 남해어업관리단 예산은 동해어업관리단에 포함
자료 : 어업관리단 내부 자료

○ 2017년 정원 기준 동해어업관리단의 총 근무 인원은 240명이며 서해어업관리단은 206명, 남해어업관리단은 172명임. 이 가운데 선박 근무에 투입되는 인원은 각각 동해 200명, 서해 178명, 남해 157명임

○ 어업지도선 보유현황은 동해어업관리단 21척, 서해어업관리단 13척으로 총 34척임

<표 2-9> 어업관리단 인원 및 장비 현황(2017)

(단위 : 명, 척)

구분		동해	서해	남해	합계
인원(명)	총원	240	206	172	618
	선박 근무	200	178	157	535
어업지도선 (척)	100톤급	1	1	-	2
	200톤급	2	2	-	4
	300톤급	2	1	-	3
	400톤급	1	1	-	2
	500톤급	10	6	-	16
	1,000톤급	4	2	-	6
	2,000톤급	1	-	-	1
	합계	21	13	-	34

주1 : 인원 2017년 정원 기준
주2 : 어업지도선 현황 동해어업관리단 홈페이지 홍보브로슈어 기준(2017.12.1. 검색)
자료 : 어업관리단 내부자료

2) 해양경찰

- 2017년 기준 해양경찰의 총 예산 규모는 1,208,251백만 원이며 어업지도·단속과 관련성이 높은 것으로 판단되는 유류비, 정보화 등의 예산규모는 약 117,780백만 원임

- 유류비
  - 함정유류구입(75,651백만 원) : 경비 함정 유류공급
  - 항공기정비유지(28,343백만 원) : 항공기 유지·보수, 유류공급

- 정보화
  - 해양경비정보화관리(8,927백만 원) : 해양경찰 전자행정의 안정화·고도화·표준화 추진

- 해양주권 수호
  - 경비대테러역량강화(4,859백만 원) : 경비체계 구축 및 우리 수역내 불법조업 외국어선 감시·단속활동 강화, 해상테러 대응 역량 강화 및 국가 보위 업무

<표 2-10> 해양경찰 어업지도 관련 예산 현황(2017)

(단위 : 백만 원)

구분	예산
총 계	1,208,251
함정유류구입	75,651
항공기정비유지 및 유류비	28,343
해양경비정보화관리	8,927
경비대테러역량강화	4,859

자료 : 해양경찰청 내부자료

- 2016년 기준 해양경찰청 소속 인원은 총 9,163명임[1]

- 해경이 보유하고 있는 함정은 총 307척이며 이 중 183척의 함정이 해양경비를 주 임무로 하는 경비함정임. 나머지 124척은 특수 임무 수행을 위한 형사기동정, 소방정, 예인정, 공기부양정 등임

- 해경은 함정 이외에도 비행기 6대, 헬기 17대 등 총 23대의 항공기를 보유하고 있음

---

[1] 국무조정실 국무총리비서실 보도자료(2017.1.16.)

<표 2-11> 해양경찰 장비 현황(2017)

(단위 : 척, 대)

구분		수량	비고
함정 (척)	경비함정	183	대형(1,000톤 이상) 34/중형(200~500톤) 39/소형 (200톤 미만) 110
	특수함정	124	방제정 37/기타 87
	합계	307	
항공기 (대)	비행기	6	광역초계기 1/수색구조기 5
	헬기	17	다목적 대형헬기 1/탑재·수색헬기 16
	합계	23	

자료 : 행정안전처 홈페이지 해경 본부 소개 브로슈어

3) 지방자치단체

○ 지방자치단체에서 보유하고 있는 어업지도선은 총 76척, 어업지도를 위해 투입되는 인원은 420여명(해상 330명, 육상 91명)임

○ 지방자치단체의 2017년 기준 어업지도 소요 예산은 16,878백만 원임
  - 어업지도관리 : 9,257백만 원
  - 어업지도선 관리 및 운영 : 7,621백만 원

<표 2-12> 지방자치단체 어업지도 관련 예산 현황(2017)

(단위 : 백만 원)

구분	어업지도관리	어업지도선 관리 및 운영	합계
울산	12	287	298
인천	10	2,091	2,100
전남	84	2,368	2,452
전북	4,367	194	4,561
충남	3,286	269	3,555
부산	64	681	744
강원도	-	610	610
경기도	6	348	354
경남	430	492	922
경북	1,000	283	1,283
합계	9,257	7,621	16,878

주 : 지방자단체의 경우 각 지자체별로 어업지도 예산을 편성·관리함
자료 : 각 지방자치단체 홈페이지 세입·세출예산서

4. 소결 및 시사점

○ 불법어업지도·단속은 크게 정부의 동·서·남해어업관리단과 지방자체단체, 해양경찰 등 3개 기관으로 구분되어 있음

○ 이들 기관은 한정된 단속 장비 및 인력, 재원으로 광범위한 관할 수역을 관리하고 있어 효율적이고 신속한 지도·단속에 어려움을 겪고 있음
  - 3개의 어업관리단에서 총 34척의 어업지도선과 618명의 인력을 운용 중이며, 국토면적의 5.8배에 달하는 582㎢를 관할하고 있음
  - 지방어업지도선은 총 76척이 운용 중이며, 이 중 30톤 미만이 60%(45척)를 점하고 있으며 단속범위는 약 87천㎢로 한 척당 1,145㎢의 해역을 관할하고 있음. 지방어업지도선 인력은 총 420여명으로 나타났음
  - 해양경찰청은 함정 307척 및 항공기 23대를 보유하고 있으며, 관할 해역은 우리나라의 배타적권리가 미치는 모든 해역으로 척당 1,580㎢해역을 관리함

○ 인력 및 예산의 증대에도 불법어업이 근절되지 않고 있으며, 지속적인 투입 재원의 증가에는 한계가 있으므로 이를 극복하고 어업지도의 효율성을 제고할 방안 마련이 필요함

<표 2-13> 연도별 · 기관별 불법어업 단속 현황

(단위 : 건)

구분	`11	`12	`13	`14	`15	'16
계	3,293	2,833	2,959	2,213	1,817	1,700
어업관리단	818	847	923	561	849	914
해경청	1,685	1,189	1,340	871	-	-
지자체	790	797	696	662	968	786

자료 : 해양수산부 내부자료

제3장 빅데이터 기술 동향 및 시장 동향

제3장 빅데이터 기술 동향 및 시장 동향

제1절 빅데이터 개요

1. 빅데이터의 정의

o "빅데이터" 란 기존 데이터베이스 관리도구의 능력을 넘어서는 대량(수십 테라바이트)의 정형 또는 심지어 데이터베이스 형태가 아닌 비정형의 데이터 집합조차 포함한 데이터로부터 가치를 추출하고 결과를 분석하는 기술임[2]

- 과거 아날로그 환경에서 생성되던 데이터에 비하면 그 규모가 방대하고, 생성 주기도 짧고, 형태도 수치 데이터뿐 아니라 문자와 영상 데이터를 포함하는 대규모 데이터를 말함[3]
- 향상된 시사점(Insight)과 더 나은 의사결정을 위해 사용되는 비용 효율이 높고, 혁신적이며, 대용량, 고속 및 다양성의 특성을 가진 정보 자산[4]
- 일반적인 데이터베이스 SW가 저장, 관리, 분석할 수 있는 범위를 초과하는 규모의 데이터[5]
- 다양한 종류의 대규모 데이터로부터 저렴한 비용으로 가치를 추출하고 데이터의 초고속 수집, 발굴, 분석을 지원하도록 고안된 차세대 기술 및 아키텍쳐[6]

o 빅데이터라는 용어를 직역하면 "큰 데이터"로 해석되며, 현재는 "큰 사이즈의 데이터, 다양한 종류의 데이터"로 의미를 부여함

- 우리가 시스템 상에서 보는 데이터는 사용자에게 보기를 원하는 정보만 선택하여 보여주는 극소수 정보이며, 그 이면의 원시 데이터(row data)는 상당히 많은 데이터가 버려져 왔음
  - 공장에서 기계의 움직임이 정상적인 범위 내에서만 움직일 때는 데이터를 저장하지 않고, 이상적인 상황일 때만 데이터를 저장함
- 시스템 성능의 발달에 따라 원시데이터 또는 로그데이터 등 다양한 데이터를 보관, 관리할 수 있어 다양한 인사이트[7]를 추출할 수 있게 됨

---

[2] Mckinsey Global Institute Big data: The next frontier for innovation, competition, and productivity - Mckinsey&Company(2011.6)
[3] 정용찬, 빅데이터 혁명과 미디어 정책 이슈, 2012
[4] 정보통신정책연구원(2013) - Gartner(2012)
[5] 정보통신정책연구원(2013) - Mckinsey(2011)
[6] 정보통신정책연구원(2013) - IDC(2012)

o 종전에 다루던 데이터 규모를 넘어서 이전 방법이나 도구로 수집, 저장, 검색, 분석, 시각화 등이 어려운 정형 또는 비정형 데이터 세트를 의미하며 나아가 그러한 데이터를 처리하는 기술, 운영체계, 기반 아키텍처, 프로세스를 포괄한 것임

o 빅데이터에 대한 최초의 정의는 2001년 Gartner의 Doug Laney가 내린 '3V'임[8]
  - 3V: Volume(거대한 규모), Velocity(생성 속도), Variety(다양한 형태)

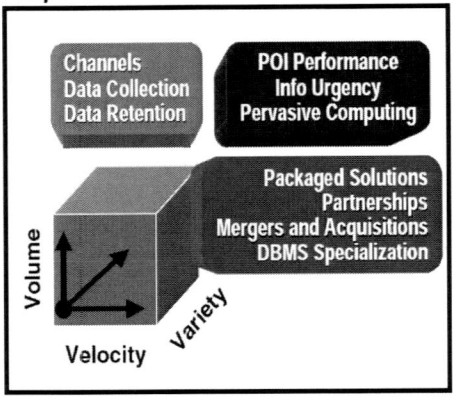

[그림 3-1] Meta Group - Data Management Solutions

자료 : Meta Group Inc. Application Delivery Strategies - 2001.2.6.

o 빅데이터는 천문학적으로 생성된 정형 또는 비정형 데이터를 처리하는 기술, 운영체계, 기반 아키텍처, 프로세스 등을 통칭하는 개념으로 빅데이터의 등장은 모바일 인터넷 기기, 디지털 정보량, 앱 마켓의 급성장에 기인함

---

7) 인사이트(Insight) : 통찰, 상황이나 사람들에 관한 진실을 이해하고 보는 능력
8) LANEY, Doug, Application delivery strategies, 2001

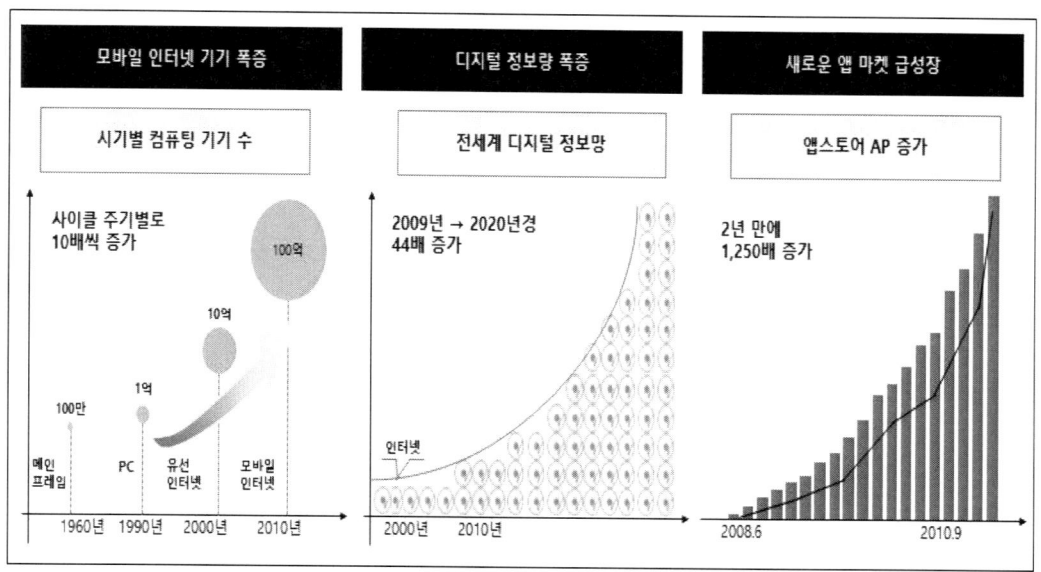

〔그림 3-2〕 빅데이터 생성배경

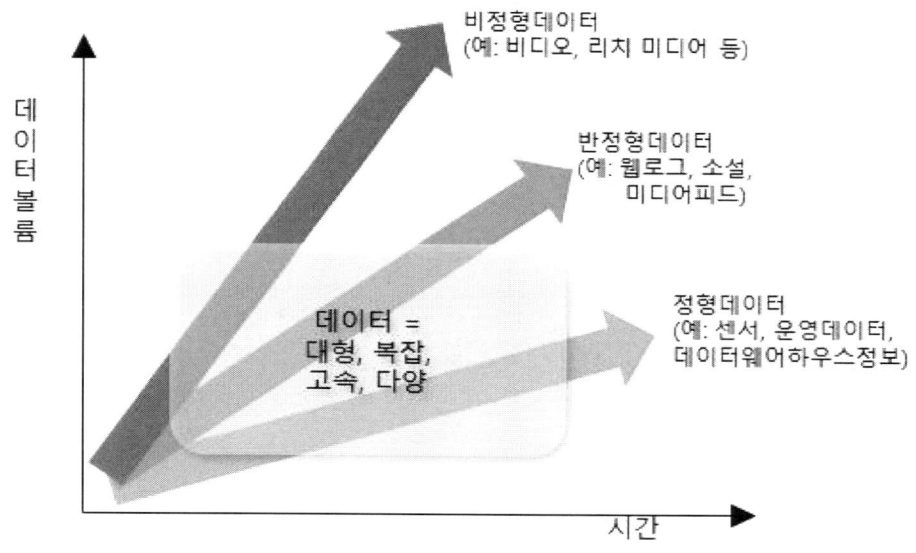

〔그림 3-3〕 빅데이터를 구성하는 데이터 종류 및 속성

2. 빅데이터 처리 기술의 분류

○ 빅데이터 활용을 위한 요소 기술은 '수집 기술', '전처리 기술', '저장·관리 기술', '분석 기술', '지식 시각화 기술'로 분류할 수 있음

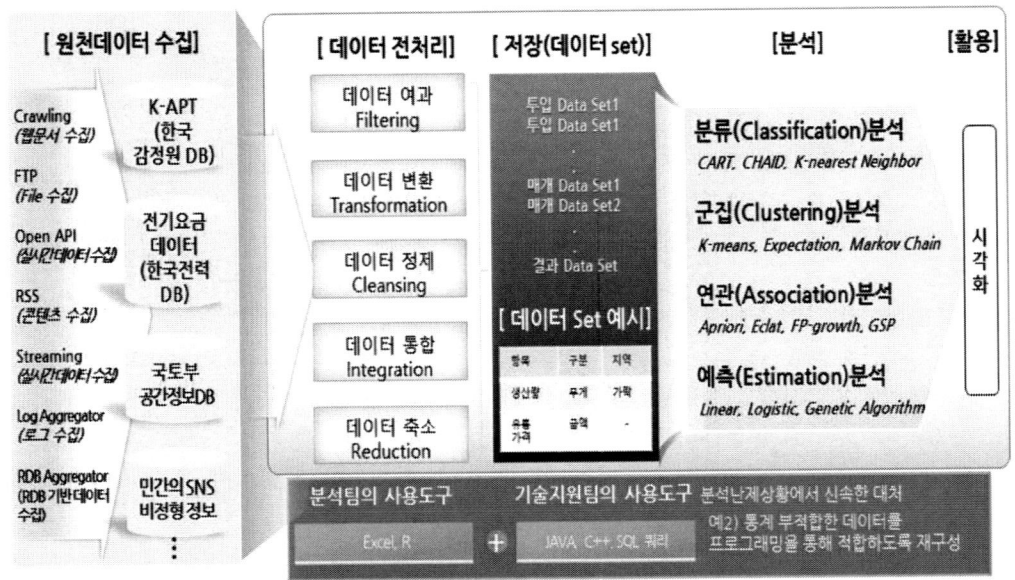

[그림 3-4] 빅데이터 처리 요소기술

자료 : 한림ICT정책저널, 빅데이터와 헬스커뮤니케이션, 2016.02.

1) 빅데이터 수집 기술

○ 시스템 내부와 외부의 분산된 여러 데이터 소스로부터 필요로 하는 데이터를 검색하여 수동 또는 자동으로 수집하는 과정과 관련된 기술로 단순 데이터 확보가 아닌 검색/수집/변환을 통해 정제된 데이터를 확보하는 기술임

- ETL (Extraction, Transformation, Loading) : 다양한 소스로부터 필요한 데이터를 추출하여 변환작업을 거쳐서 타겟 시스템으로 전송 및 로딩하는 모든 과정
- 웹 크롤링 (Crawling) : 방대한 웹페이지를 두루 방문하여 각종 정보를 자동으로 수집해오는 프로그램 - 두산백과, 조직적, 자동화된 방법으로 월드와이드웹을 탐색하는 컴퓨터 프로그램 (웹 페이지를 그대로 가져와서 데이터를 추출해 내는 행위) - 위키 백과9)

---
9) 두산백과 크롤러, 위키백과, 2017.7.

- 로그 수집기 (log Aggregator) : 시스템 내부에 존재하는 웹 서버의 웹로그, 트랜잭션 로그, 클릭로그 DB 로그 데이터 등 다양한 형태의 로그 데이터를 수집
- 센싱 : 각종 센서를 통해 데이터를 수집함
  RSS Reader (Rich Site Summary) : RSS는 뉴스나 블로그 사이트에서 주로 사용하는 콘텐츠 표현 방식이며, Reader를 통해 해당 정보를 수집함
- Open API (Open Application Programming Interface) : 누구나 사용할 수 있도록 공개된 API를 말하며, 이 정보를 통해 정보를 수집함

2) 빅데이터 전처리 기술

○ 데이터 저장 시 일관성을 부여하고 소스 데이터 정확성을 높이는 것을 말하며, 전처리 기술에는 Filtering(여과), Transformation(변환), Cleaning(정제), Integration(통합), Reduction(축소)가 있음
  - Filtering(여과) : 오류 발견 보정, 삭제 및 중복성 확인 등의 과정을 통해 데이터 품질을 향상시키는 기술
  - Transformation(변환) : 데이터유형 변환 등 데이터 분석이 용이한 형태로 변환하는 기술
  - Cleaning(정제) : 결측치들을 채워넣고, 이상치를 식별 또는 제거하고, 잡음 섞인 데이터를[10] 평활화하여, 데이터 불일치성을 교정하는 기술
  - Integration(통합) : 데이터 분석이 용이하도록 유사 데이터 및 연계가 필요한 데이터들을 통합하는 기술
  - Reduction(축소) : 분석 시간을 단축할 수 있도록 데이터 분석에 활용되는 않는 항목 등을 제거하는 기술

○ 유용한 정보 및 숨어있는 지식을 찾아내기 위한 데이터 가공 및 분석 과정을 지원
  - 대규모 데이터 처리를 위해 확장성, 데이터 생성 및 처리속도를 해결하기 위한 처리시간 단축 및 실시간 처리 지원
  - 비정형 데이터 처리 지원 기술 : 언어 전처리 기술, STT(Speech To Text) 처리 기술[11]

3) 빅데이터 저장 기술

---

10) ① 거친 표본 추출이나 잡음 때문에 데이터에 좋지 않은 미세한 변동이나 불연속성 등이 있을 때, 이런 변동이나 불연속성을 약하게 하거나 제거하여 매끄러운 모양으로 하는 조작 ② 한국정보통신기술협회, 데이터 생애주기 기반 빅데이터 도입 및 활용지침. 2015. 12
11) STT(Speech To Text) - 음성 문자 변환 (음성 인식 : 컴퓨터 문서에서 텍스트를 음성으로 변환하는데 사용되는 음성 합성 애플리케이션

o 작은 데이터라도 모두 저장하여 실시간으로 저렴하게 데이터를 처리하고, 처리된 데이터를 빠르고 쉽게 분석하도록 하여 이를 비즈니스 의사결정에 바로 이용하는 기술

- DBMS : 다수의 사용자들이 DB 내의 데이터 접근할 수 있도록 해주는 소프트웨어로써 많이 쓰이는 상용 DBMS는 ORACLE, INFORMIX, SYBASE, MS-SQL, DB2, Tibero 등 이 있으며, Open Source DBMS 로는 Postgres, MySQL 등이 있음
- Open Source 빅데이터 DBMS : Cassandra, MongoDB, Hbase
- Network를 활용한 저장기술 : SAN(Storage Area Network : 광저장장치 영역 네트워크), NAS(Network Attached Storage, 네트워크 연결 스토리지)
- 분산 파일 시스템 : 여러 대의 컴퓨터를 조합해 대규모 기억장치(Storage)를 만드는 기술인 GFS(Google File System), 여러 컴퓨터로 구성된 클러스터를 이용하여 큰 사이즈의 데이터를 처리하기 위한 대용량 데이터 분석 처리 오픈소스 12)프레임워크인 HDFS(Hadoop Distributed File System)

<표 3-1> Open Source 빅데이터 DBMS 비교

특성	내용
HBase	• 논리적으로는, 인덱스를 대신하는 정력된 특수 컬럼인 RowKey의 활용하며, 물리적으로는 데이터 집약성 (locality)을 가져 쿼리시간을 보장함 • 그러면서 용이한 스케일아웃 및 강인한 장애대응의 이점을 가져 IT업체의 빅데이터 스케일 운영 DB로 자리매김해감
MongoDB	• 사용법이 매우 간편하여 가장 적용사례가 늘어가고 있음 • C언어로 구현되어 설치가 간편하고 또한 빅데이터-향 NoSQL 중 응답속도가 가장 빠르고 초대용량 시에도 급격히 느려지지 않음 • 단 Insert 연산시는 전체 Lock으로 인해 느려지는 것이 단점이며, 원활한 사용을 위해 스토리지에 많은 물리적 여분 공간을 요구함
Cassandra	• 유일하게 SPOF (단일조장점 : 죽으면 전체가 죽거나 DB의 경우는 복구가 불가능한 지점)가 없는 유일하게 안전한 DB • 어려운 이론에 바탕하므로 사용법이 어려워 운영포기 사례가 많으며, 버그개선 및 업데이트도 느림

자료 : 한국정보통신기술협회(TTA) "데이터 생애주기 기반 빅데이터 도입 및 활용지침". 2015. 12 제정

4) 빅데이터 분석 기술

o 대량의 데이터로부터 숨겨진 패턴과 알려지지 않은 정보간의 관계를 찾아가는 과정이며, 분석을 위해 데이터마이닝, 텍스트마이닝, 오피니언마이닝, 소셜웹 이슈분석 등이 사용되고 있음

---

12) 컴포넌트가 안정적으로 동작되도록 실행엔진, 컴포넌트 관리 기능, 결함 허용 처리 기능, 시간 동기화 기능, 통신 미들웨어 등을 제공하는 기반이 되는 소프트웨어들의 집합

- 데이터마이닝 : 대용량의 데이터베이스에 있는 데이터로부터 패턴인식[13], 통계적 기법[14], 인공지능 기법 등을 이용하여 숨겨져 있는 데이터간의 상호 관련성 및 유용한 정보를 추출
- 텍스트마이닝 : 여러 분야에 걸친 통합된 기술 및 학문으로 좁은 의미로는 불명확하고 찾기 힘든 텍스트 기반의 데이터로부터 새로운 정보를 발견할 수 있도록 관련 방법을 제공하는 기술, 넓은 의미로는 이와 관련된 정보검색, 정보추출, 정보체계화, 정보 분석을 모두 아우르는 텍스트 처리 기술 및 처리과정을 의미
- 오피니언마이닝 : 평판 분석(Sentiment Analysis)라고 불리기도 하는 기술로 소셜 미디어 등의 정형/비정형 텍스트의 긍정, 부정, 중립의 선호도를 판별하는 기술
- 소셜웹 이슈분석 : 대용량 소셜 미디어를 언어분석 기반 정보추출을 통해 이슈를 탐지하고, 시간의 경과에 따라 유통되는 이슈의 전재과정을 모니터링하고 향후 추이를 분석하는 기술

5) 빅데이터 시각화 기술

○ 빅데이터 시각화는 데이터 분석 결과를 쉽게 이해할 수 있도록 시각적인 수단으로 변환하여 정보를 전달하는 과정이며, 데이터 값을 단순화하여 그림 또는 그래프 형태로 보여줌으로써 데이터 분석 결과를 쉽게 이해할 수 있도록 하고, 핵심 개념과 아이디어를 효과적으로 전달함

- 시간 시각화 : 막대, 누적 막대, 점, 선 그래프 등을 통해 특정시점 또는 특정 시간의 구간 값을 표현
- 분포 시각화 : 파이차트, 도넛차트 등을 통해 전체의 부분에 해당하는 분포를 최대, 최소, 전체 분포를 나타내는 그래프로 전체의 관점에서 각 부분간의 관계를 보여주는 기술
- 관계 시각화 : 버블차트, 스템 플롯, 히스토그램 등으로 표현되며, 각기 다른 변수 사이에서 관계를 찾는 기술
- 비교 시각화 : 히트맵, 체르노프 페이스, 스타차트, 평행좌표 그래프를 통한 여러 변수의 비교 방법
- 공간 시각화 : 점이 찍힌 지도, 선을 그린 지도, 버블을 그린 지도 등으로 색상과 크기를 공간에 대입하는 표현

---

[13] 컴퓨터를 사용해서 화상, 문자, 음성 등을 인식하는 것. 문자 인식, 음성 인식 및 화상 인식 등이 있음. 패턴 인식 시스템은 일반적으로 특징 추출과 패턴 정합 부분으로 되어있는데, 특징 추출은 화상 등의 이미지 데이터나 음성 등의 파형 데이터를 분석해서 그 데이터의 고유 특징(패턴)을 추출한다. 시스템은 인식 대상 패턴을 표준 패턴으로 작성해 두었다가, 인식시에 이 표준 패턴과 입력 패턴을 비교(패턴 정합)해서 표준 패턴과 가장 유사한 것을 인식 결과로 함. (TTA 정보통신용어사전)

[14] 인간의 두뇌와 같이 컴퓨터 스스로 추론, 학습 기법

- 인포그래픽 : 인포메이션과 그래픽의 합성어로 다량의 정보를 차트, 지도, 다이어그램, 로고, 일러스트레이션 등을 활용하여 한눈에 파악할 수 있도록 하는 디자인

<표 3-2> 시각화 기술(예)

시각화 기술	내용
시간 시각화	
분포 시각화	
관계 시각화	
비교 시각화	
공간 시각화	
인포그래픽	

제2절 빅데이터 기술 동향

○ 빅데이터를 구성하는 핵심기술은 하둡, 데이터가상화, 비즈니스 인텔리전스 기술 등임
  - 하둡 : 대용량 정형/비정형 저장 및 분석을 위한 분산 컴퓨팅 프레임워크
  - 데이터가상화 : 다양한 데이터 소스를 대상으로 단일 데이터 접근 및 실행 서비스를 제공하는 데이터 서비스 계층
  - 비즈니스 인텔리전스 : 기업의 신속, 정확한 의사결정을 지원하는 데이터의 수집, 저장, 분석의 응용 기술을 총칭

○ 데이터 수집관리, 데이터 분석 지식처리, 모델링, 시뮬레이션 인공지능 등이 기반이 되어 개별 분야의 데이터가 융합하는 새로운 기술패러다임이 시작됨

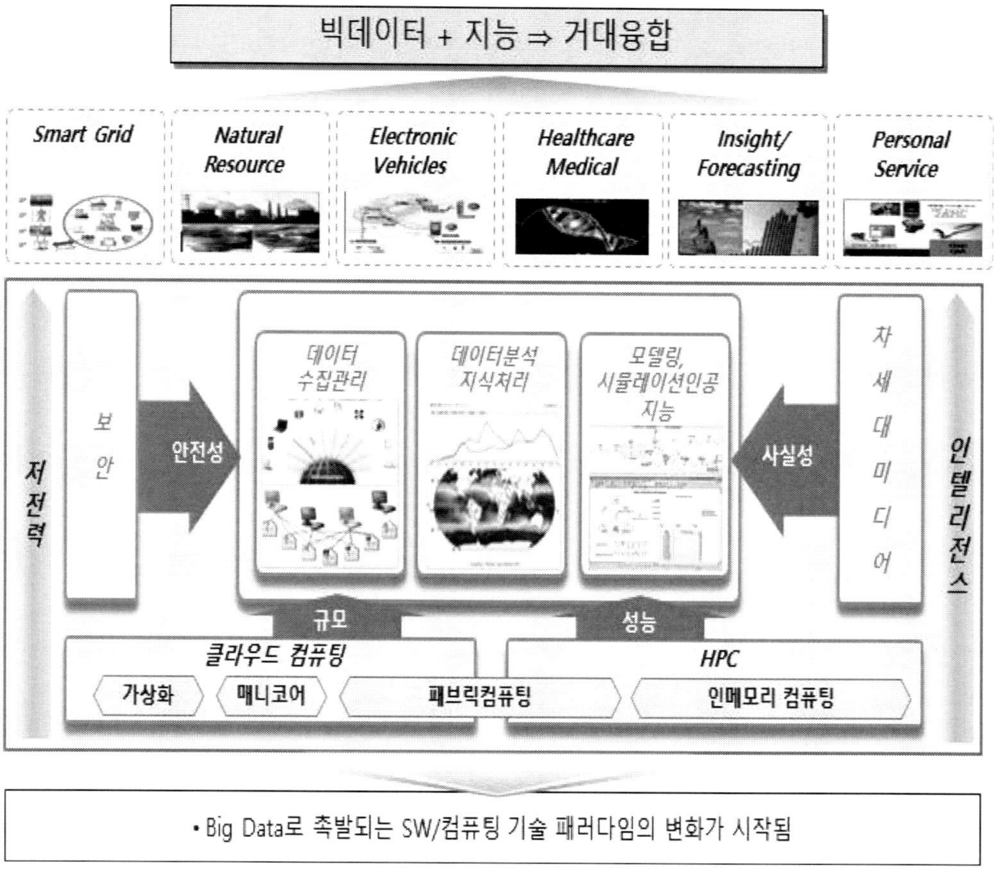

〔그림 3-5〕 빅데이터 기술 동향

○ 2013년 컨설팅 전문업체인 맥킨지는 비즈니스 지형을 바꿀 10가지 기술 트랜드 중 하나로 Big Data를 선정했으며, Big Data를 수집, 저장하고 이를 토대로 새로운 정보를 찾아내는 것이 경제성장을 위한 중요한 가치창출 효과를 가져온다고 분석함[15]

○ 국내외 유수의 IT 기업들은 빅데이터 관련 분석 플랫폼, 스토리지, 정보 분석/컨설팅, 데이터 분석/관리 솔루션, 시각화 솔루션 등을 기반으로 사업을 추진하고 있음

<표 3-3> 글로벌 IT 기업의 빅데이터 사업 추진 현황

기업명	빅데이터 사업 추진현황
EMC	• 데이터 저장부터 관리, 분석까지 빅데이터와 관한 모든 것을 제공하기 위해 그린플럼, 아이실론 등 빅데이터 솔루션 업체 및 데이터 관련 다수업체 인수 • 빅데이터 스토리지 솔루션(아이실론, 아트모스), 콘텐츠 관리 솔루션(다큐멘텀)
HP	• BI 솔루션 업체 '버티카', 기업용 검색엔진 업체 '오토노미' 인수 • 버티카와 오토노미를 결합하여 빅데이터 분석 시장에 진입 • 기업경영 의사결정, 경영정보 분석 등 경영 전략 수립 서비스 제공
IBM	• 분석용 데이터 저장관리 업체(네티자), 데이터 통합 업체(에센셜), 분석 솔루션 업체(코그너스) 등 비즈니스 분석 관련업체 인수 • 빅데이터 솔루션 : InfoSphere BigInsight(Hadoop), InfoSphere Streams
Oracle	• 세계적인DB 업체, '하이페리온社 인수로 분석기술 확보 • 오라클 빅데이터 어플라이언스 제품 출시
SAS	• 고급 분석을 위한 'HPA(High Performance Analytics) 기반의SEMMA 방법론' 제시 • 'IT+분석+비즈니스' 통합 플랫폼 구현(SAS 빅데이터 분석 플랫폼Solution MAP)
Tera data	• 데이터웨어하우징 및 비즈니스 인텔리전스(BI) 전문 업체 • 비정형 데이터의 고급분석·관리 솔루션 업체 인수(애스터데이터) • '애스터 맵리듀스 플랫폼' 제시

자료 : BIR.inc, Big Data(빅데이타) 분석 Global 현신기술 동향, 2014.9.

---

[15] McKinsey Global Institute, Ten IT-enabled business trends for the decade ahead 2013

<표 3-4> 국내 IT 기업의 빅데이터 사업 추진 현황

기업명	빅데이터 사업 추진현황
그루터	• 빅데이터 관련 플랫폼, 기술, 솔루션 전문기업 • 빅데이터 플랫폼 구축 및 컨설팅 서비스, 빅데이터 분석 및 데이터 제공 서비스, 빅데이터 분석 플랫폼 제공 서비스 구축
넥스알	• 넥스알 빅데이터 분석 플랫폼(NDAP : NexR Data Analytics Platform), 넥스알빅데이터분석솔루션(RHive) 구축
다음소프트	• SNS 정보 기반 여론 진단 서비스, 소셜미디어 트위터, 블로그 트랜드 분석 • 소셜미디어 상의 데이터들에서 의미 있는 정보를 찾고 조직화함 으로써 정보 간의 관계나 패턴, 트랜드 등을 분석하는 서비스 제공
사이람	• 소셜 네트워크 분석 소프트웨어 넷마이너(NetMiner) 개발: 대규모 소셜 네트워크 및 데이터 간의 관계를 계량적으로 분석해 패턴을 파악하고 시각화하는 기능을 제공 • 소셜 네트워크 분석 응용 솔루션 및 컨설팅 제공
트리니티	• Splunk(미국 제품)의 국내 협력사 • 85개 국가, 4,800여 고객사를 가진 미국Splunk사 제품을 활용하여 컨설팅을 하는 회사로 현대자동차, KT, 삼성전자 등이 고객사임

자료 : BIR.inc Big Data(빅데이타) 분석 Global 현신기술 동향, 2014.9.

제3절 빅데이터 시장 동향

1. 해외 빅데이터 시장 전망-16)IDC 연구보고서17)

○ IDC는 최근 연구 보고서를 통해 올해 세계 빅데이터 및 분석 시장이 전년대비 12.4% 성장하며 1,508억 달러 규모에 달할 것으로 전망함
  - 이 시장은 빅데이터 및 분석 관련 하드웨어, 소프트웨어, 서비스를 포함함

○ IDC는 이 시장의 성장세를 2020년까지 연평균(CAGR) 11.9%로 예상하며, 2020년에는 2,100억 달러 규모에 이를 것으로 전망함

○ 2017년 빅데이터 및 분석 솔루션에 대한 투자 비중이 높을 것으로 예상되는 산업은 뱅킹, 조립제조, 공정제조, 연방·중앙정부, 전문 서비스 분야임
  - 5개 산업분야가 올해 빅데이터 및 분석 솔루션에 총 724억 달러를 투자할 것으로 전망하며, 2020년에는 1,015억 달러 규모에 이를 것으로 예상함
  - 가장 빠른 성장세를 보일 산업은 뱅킹산업으로, 연평균 성장률은 13.3%로 예상됨
  - 그 다음으로는 헬스케어, 보험, 증권과 자본투자중개업, 통신부문으로 연평균 12.8%의 성장을 예상함

○ 빅데이터 및 분석 기술에 대한 투자는 IT와 비즈니스 서비스에 의해 주도될 것으로 예상함
  - 2017년부터 2020년까지 빅데이터 및 분석 전체 시장의 절반 이상을 차지할 전망임
  - 서비스 관련 투자는 가장 강한 성장세를 보이며 향후 5년간 연평균(CAGR) 14.4%로 성장할 것으로 예상함

○ 소프트웨어 부문 투자는 엔드유저 쿼리, 리포팅 및 분석도구, DW 관리도구 도입에 힘입어 2020년 700억달러 규모를 상회할 것으로 예상함
  - 기업들이 빅데이터와 분석 활동을 확대하면서 비관계형 분석 데이터 스토어 플랫폼은 연평균 38.6%, 인지 소프트웨어 플랫폼은 23.3%의 높은 연평균 성장률을 보일 전망임
  - 빅데이터 및 분석 관련 서버·스토리지 구매는 연평균 9.0% 성장해 2020년 296억 달러에 이를 것으로 전망함

---

16) IDC는 International Data Corporation의 약자로 미국의 IT 통신, Consumer Technology 부문 시장조사 및 컨설팅 기관이며 전세계 110여개 국가에 1,100명 이상의 시장 분석 전문가를 두고 있음. 매년 / 매분기 전세계 분석가들이 지역별/산업별/국가별/기술별 등으로 시장조사 보고서 발표하며, 그 보고서를 바탕으로 IDC FutureScape 예측 보고서를 발표함
17) IDC, Worldwide Semiannual Big Data and Analytics Spending Guide 연구보고서, 2017.4.

○ 시장조사업체 오범(Ovum)은 빅데이터 산업에 대한 8가지 전망을 제시함

- 추후 데이터 과학자에 대한 수요가 줄어들 것임
- 데이터 과학자와 데이터 엔지니어의 협업이 필요해짐에 따라 데이터 과학조직이 활발하게 신설될 것임
- 개인정보보호 관련 법률의 강화로 인해 데이터를 자국 내에 보관하는 로컬화 압박이 심화될 것으로 판단됨
- 기업이 데이터를 활용해 유의미한 상품과 수익구조를 창출하는 것은 쉽지 않을 것으로 보임
- 데이터 레이크가 빅데이터 풀로써 더 나은 시각을 도출하는 실용적인 도구가 될 것임
- 인공지능(AI), 머신러닝, 딥 러닝 시장에서 활발한 인수합병 행보가 전개 될 것으로 판단됨
- 사물인터넷(IoT)의 시장규모가 성장할 것으로 예측되며, 사물인터넷 설계자의 수요가 급증할 것으로 예상됨
- 실시간 스트리밍이 특수용도의 기술에서 보편적인 도구로 변모하여 스트리밍 분석론(Streaming Analytics)이 부활할 것으로 보임

2. 국내 빅데이터 시장 전망 - IDC 연구보고서[18]

○ 올해 국내 빅데이터 및 분석 시장은 전년대비 9.9% 성장해 1조3,116억 원 규모에 이를 것으로 전망함

- 이 시장은 2020년까지 연평균(CAGR) 9.4%의 성장세로 2020년 1조7,619억 원 규모에 이를 것으로 전망함

○ 국내 빅데이터 및 분석 시장의 지속적인 성장세가 예상됨

- 국내에서 투자 비중이 높을 것으로 예상되는 산업도 세계 빅데이터 시장과 마찬가지로 은행, 조립제조 및 공정제조, 통신, 공공 분야임
- 올해 빅데이터 및 분석 솔루션에 대한 이들 산업의 총 투자 규모가 7,246억 원에 이르고, 2020년에는 9,680억 원 규모에 달할 것으로 예상함

---

18) 한국IDC, 올해 세계 빅데이터 및 분석시장 1500억달러 넘어설 전망, Press Release

제4장 국내외 관련 사례 분석

제4장 국내외 관련 사례 분석

제1절 국내사례

1. 국내 연구동향

1) 해양수산 빅데이터 관련 정책연구

(1) 해양수산 빅데이터 활용 서비스 개발 연구

○ 수행기관: 한국해양수산개발원(2016)

○ 연구목적
  - 예측 기반의 새로운 창의적 정책서비스 발굴 및 중장기 정책대응 방안과 해양분야 경제성장 동력 발굴 및 지원 필요성에 따라 해양수산분야 빅데이터 구축 및 활용전략을 제시함
  - 또한 우리나라 해양, 수산 및 해운항만물류 분야의 신산업 트렌드 분석, 신 상품개발, 미래 산업동향 예측, 새로운 비즈니스 모델 및 정책 방향 수립 등에 필요한 정보를 빅데이터를 활용하여 수집·분석하는 중장기 연구개발사업 추진 로드맵을 도출함

○ 주요내용
  - 기술의 발달로 대규모의 복잡한 데이터를 처리 할 수 있게 됨에 따라 새로운 서비스와 가치창출이 가능하며, 향후 정부에서 개인까지 폭넓은 영역에 빅데이터가 접목되어 활용될 것으로 전망됨
    • 정부는 빅데이터를 통해 데이터 기반 정책마련 및 사회현안에 선제적으로 대응이 가능하며, 기업은 데이터 분석과 예측을 통해 생산성 향상, 수요 분석, 신 시장 창출, 효율적 비용 관리가 가능해짐
  - 해양이라는 공간을 기반으로 생성되는 복합적 정보 분석 및 예측을 기반으로 통합 해양행정의 구현이 필요하며, 개별 시스템별로 생산 관리되고 있는 데이터를 통합하여 공유·개방 할 수 있는 플랫폼의 구축이 필요함
  - 미래 패턴을 예측하기 위한 전망과 분석이 중요하며, 기존 정형화된 데이터 외에 비정형 데이터의 효율적인 활용이 중요함

(2) 해양수산 빅데이터 추진계획

○ 수행기관: 한국해양수산개발원(2016)

○ 연구목적
  - 예측기반의 해양수산 정책실현 및 산업육성을 위해 해양수산 빅데이터의 현재 상황 진단 및 해양수산 부문에 미치는 영향을 분석하고 관련 글로벌 정책동향 및 선진사례를 분석하여 '해양수산 빅데이터 추진계획'을 수립하고 그에 따른 세부 추진 과제를 도출함

○ 주요내용
  - 지난 60년간 축적한 해양정보를 이용하여 민간사업 모델을 개발할 수 있도록 '민·관 공동 활용 플랫폼'을 구축하고, 기관별로 분산되어 있는 해양공간정보를 산업적으로 이용할 수 있도록 '해양공간 활용모델'을 개발하는 등 빅데이터 인프라 조성계획을 수립함
  - 선박자동식별정보와 관제정보를 활용하여 항만시설 사용시간을 자동으로 산정하여 항만 운영의 효율성을 제고하는 등 단기적으로 달성 가능한 과제를 발굴함
  - 과거 연근해어업 생산량, 해양환경 변화에 따른 어황변동 등을 분석하여 수산자원과 어황을 예측하거나, 항만물류 빅데이터와 각종 거시경제지표를 활용하여 항만물동량 예측모형을 개발하고 항만시설 수급예측 시스템을 구축하는 등 중장기 과제를 통해 빅데이터 활용 확산 계획을 수립함

2) 어업지도 · 불법어업관련 정책연구

(1) 불법어업 유형별 분석과 지도단속 및 제도개선 방안 연구

○ 수행기관: 한국법제연구원(2014)

○ 연구목적
  - 우리바다 수산자원을 보호하고 지속적인 수산물 생산을 유지하기 위하여 불법어업에 관한 현행 법제도 및 지도단속체계에 대한 전반적인 검토를 통하여 효율적이고 체계적인 개선방안을 모색함
  - 연근해 불법어업을 유형별로 분석하여 문제점을 도출하고, 불법어업 예방을 위한 제도개선과 지도단속 방안을 수립함

○ 주요내용
- 우리나라 불법어업의 지도단속 및 관리 현황을 분석하고 불법어업의 유형에 따른 단속 실태와 문제점을 파악함
- 불법어업의 정의와 국내외의 법적 근거를 분석하고 지도단속의 법제도적 개선방안을 도출함
  • 불법어업지도 및 단속에 관한 제도개선을 위해서는 불법어업 유형별 제재방안 도입 및 정부조직법 개정에 따른 대응방안, 어업지도선 통합관리 방안 등이 필요함

(2) 어업관리 역량강화 및 효율화 방안 연구

○ 수행기관: 한국수산회(2013)

○ 연구목적
- 어업공간 이용 환경변화에 따른 선진형 어업지원 체제 구축을 위한 법적근거 마련 및 지도단속 기관의 기능과 조직체계 개편방안을 제시함
- 국내 및 중국어선의 고질적인 불법어업에 대한 단속역량을 보강하기 위해 대형단속선, 경비행기 등 어업관리 인프라 확충을 위한 실행계획을 수립함
- 어업관리 인프라 확충의 타당성 확보 및 재원 마련을 위해 예비타당성 조사 대응책을 마련함

○ 주요내용
- 국내외 어선의 불법어업 및 어선사고 현황 및 실태 분석을 수행함
- 어업지도의 문제점을 파악하고 효과적인 대응을 위한 운영방안을 제시함
  • 불법어업에 대한 효과적인 대응을 위해서는 어선사고 예방, 불법어업 대책 등 종합적인 중장기 계획 수립 및 우리나라 연근해 어업공간의 관리체계 확립을 위한 적극적인 단속세력 확충·조직체계 개편, 어업종사자의 관리체계 향상, 어업관리 인프라 구축, 법적·제도적 실효성 확보, 국제 어업질서 협력 강화 추진이 필요함
- 어업관리 역량강화 사업의 각 분야별 과제를 국가 지도선 보강, 항공단속 시스템 도입, 관리체계 개편, 지방지도선 통합관리로 구분하여 분야별 투자계획 및 재원조달방안을 수립하였으며 경제적 타당성과 파급효과를 분석함
  • 어업관리 역량강화 사업은 경제적 타당성을 가지는 것으로 분석되었음
  • 어업관리 역량강화 사업의 파급효과분석 결과 사업으로 인한 총 생산유발 금액은 8,819.6억 원이며, 이 중 순수 생산유발효과는 4,399.6억 원인 것으로 추정되며, 고용유발효과는 5,096명이나 실제로는 이보다 고용효과가 더 클 것으로 분석됨

3) 빅데이터를 활용한 시스템 구축 연구

(1) 빅데이터 분석을 통한 교통사고 예방방안 연구

○ 수행기관: 광주광역시(2015)

○ 연구목적
- 교통사고 및 관련 내·외부 빅데이터 분석으로 과학적인 정책 의사결정 지원, 지역별 교통사고 발생 유형 및 특징에 따른 맞춤형 정책실현으로 시민과 더불어 사는 안전안심 도시 조성

○ 분석 대상 데이터
- 사고정보, 디지털운행기록, 교통신호체계, 소셜텍스트, 교통민원, 교통정보, 시설정보, 구조정보, 주정차단속정보 등 정형·반정형·비정형 데이터 분석

○ 주요 연구내용
- 교통약자 사고 예방, 효율적인 불법주정차단속방안, 교통관련 시설물 확충 및 개선방안, 맞춤형교통사고예방 캠페인을 목적으로 빅데이터 분석을 수행하여 각 대상별 개선점 및 대책을 도출함

○ 시사점
- 해당 연구는 사고 발생 지점의 정보를 바탕으로 사고 발생 가능성이 있는 지역과 지점을 예측·단속하여 교통사고 예방방안을 연구하는 것을 목적으로 하는 연구임
- 본 연구에서 개발하고자 하는 어업지도 효율화모델 또한 과거 불법어업 단속 정보를 바탕으로 불법어업 발생 가능 지역을 예측하는 것이므로 분석 방향이 유사한 사례라고 판단됨

<표 4-1> 분석 결과

대상		분석	대책
교통약자 사고예방	노인보행자	노인 보행자 사고와 횡단보도 및 육교 위치 등을 분석하여 횡단중 사고가 잦은 지역으로 대인시장 등5곳 선정	무단횡단 관련 안전시설물 설치 및 계절별 맞춤형 예방캠페인 실시
	어린이 보행자	어린이 보행자 사고와 학교 및 관련 시설물 위치 등을 분석하여 횡단중 사고가 잦은 지역으로 서구 만호초등학교 등 5곳 선정	어린이 보호구역 확대 및 저학년 보행안전교육 실시

대상		분석	대책
효율적인 불법주정차단속방안		불법주정차로 인한 교통사고와 불법주정차 단속 현황 등을 분석하여 사고예방을 위해 집중단속이 필요한 지역으로 상무 롯데마트 등 5곳 선정	지역별 사고가 잦은 시간대에 불법주정차 집중단속 실시
교통관련 시설물 확충 및 개선방안	차대차 교차로 교통사고	차대차 신호위반에 따른 교통사고가 잦은 교차로 버들교 등 5곳 선정 및 특징분석	신호위반단속 카메라 등 관련 시설물 설치 및 개선
	차량단독 교통사고	차량단독 사고가 잦은 지역으로 양동시장 등5곳 선정	공작물 충격흡수시설 등 관련 시설물 설치 및 개선
맞춤형교통사고 예방캠페인		• 신호위반 및 음주운전 사고가 잦은 버들교에서는 30~40대를 대상으로 화요일토요일에 관련 예방캠페인 실시 • 서구 만호초등학교 주변에서 가을철 등하교 시간대에 어린이 횡단에 대한 교통안전지도 강화	

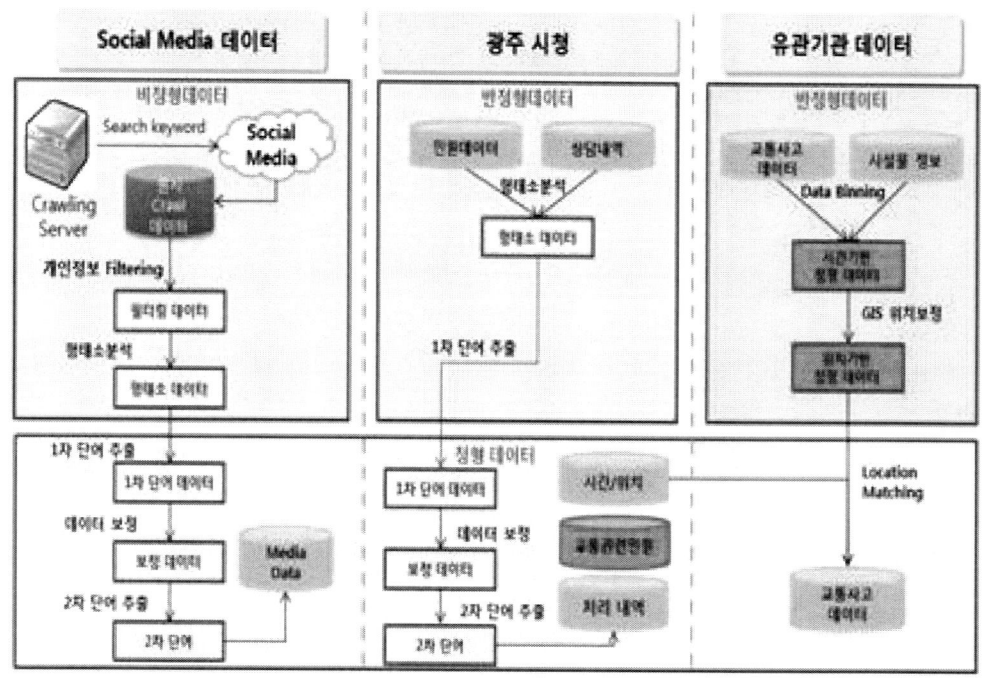

〔그림 4-1〕 전체 분석절차

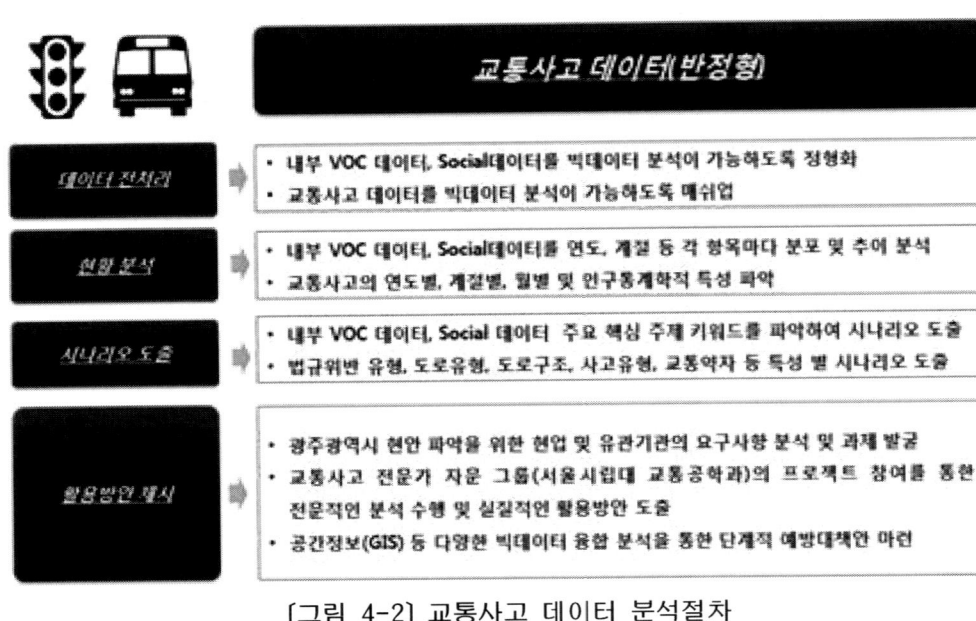

[그림 4-2] 교통사고 데이터 분석절차

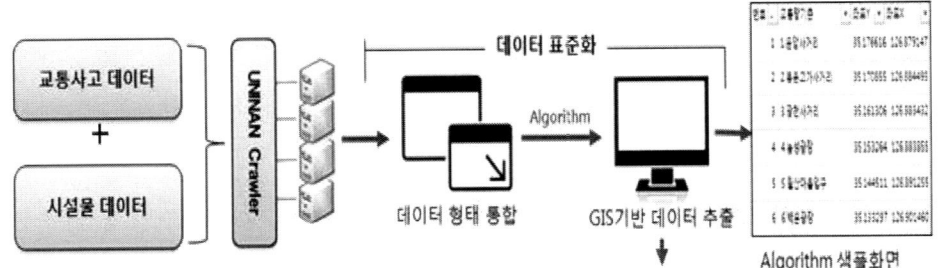

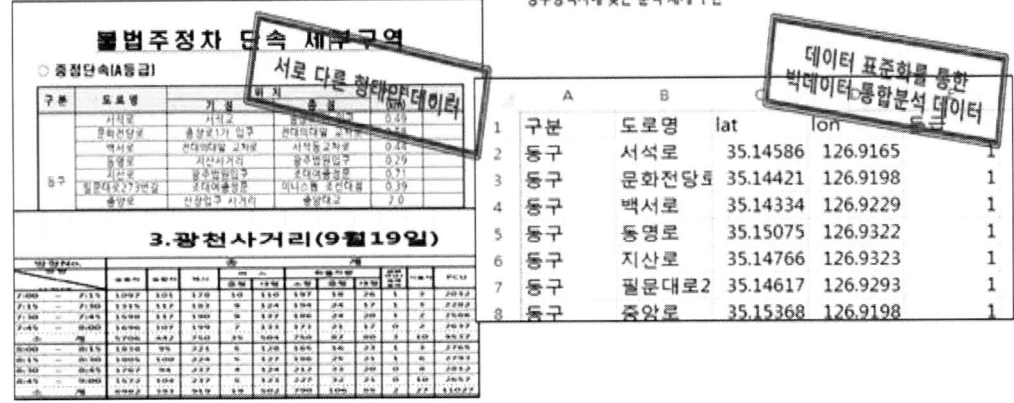

[그림 4-3] 데이터 표준화 과정

(2) 국민참여형 어린이 안전 및 교통사고 원인분석

○ 수행기관: 경기도(2016)

○ 연구목적
   - 어린이 교통행동은 성인과 다른 특성을 나타내기 때문에 어린이 교통행동특성 분석 기반의 교통안전정책 수립이 필요함
   - 교통사고에 영향을 미치는 요소에 대한 정량분석과 국민 참여형 데이터의 활용을 통해 어린이 교통사고 예방을 위한 실행 방안을 도출하고 향후 발전 방향을 제시함
   - 지역별 특성에 맞는 잠재 위험지점을 파악하고 잠재적인 사고위험에 대한 데이터 구축 및 활용 방안을 도출함

○ 주요 연구내용
   - 공공 데이터의 분석을 통해 경기도내 교통사고 발생 현황을 파악하여 교통사고 위험도 지수를 개발하고 어린이 교통사고 발생 위험을 파악함
   - 국민 참여형 데이터를 수집·분석하여 어린이 교통사고 발생 Hot-Spot을 도출하고 지역별 잠재위험도를 산출함
   - 분석결과는 어린이 교통안전 교육의 기초자료, 어린이 교통안전 지도활동 및 사고 지점 현황 파악을 통한 시설 정비, 시설개선 우선지점의 식별등의 참고자료로 활용할 수 있음

○ 시사점
   - 어린이 교통행동 특성에 따라 교통사고 위험도 지수를 도출하여 발생 위험을 파악하고 이를 교통안전 지도 활동에 반영하여 교통사고를 줄일 수 있는 교통안전정책을 수립하는 것은 불법어업지도·단속에도 유사하게 적용될 수 있음
   - 또한 어린이 교통사고 발생 Hot-Spot을 도출하여 GIS 상에 표출하는 것은 불법어업 발생 Hot-Spot을 도출하여 집중적인 단속이 필요한 지역에 대한 정보를 얻는 것으로 응용될 수 있음

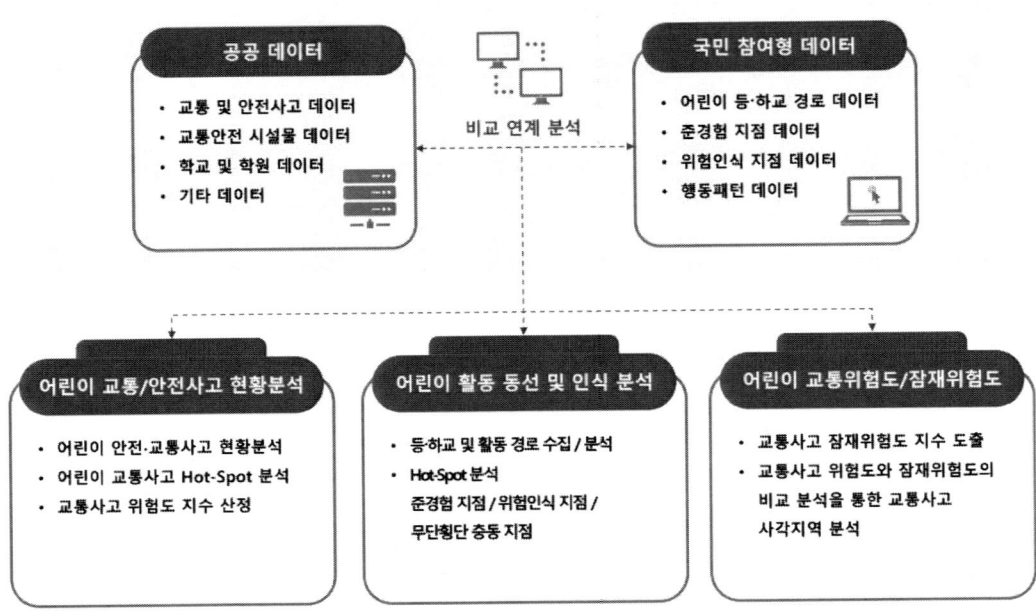

[그림 4-4] 분석 체계

<표 4-2> 공공 데이터

데이터명	보유기관	주요속성
교통안전시설물시스템 데이터	경기도, 이천시	- 위치(주소) 정보
CCTV 데이터	경기도	- 설치 년/월/일, 위치
놀이시설데이터	경기도	- 놀이시설명, 위치(주소) 정보
119구급차량출동시스템 데이터	경기콘텐츠진흥원	- 접수 년/월/일/시간, 대상자 성별/연령, 사고발생지역(주소), 사고유형 등
교통사고 데이터	도로교통공단	- 발생 년/월/일/시간, 발생위치(좌표), 발생개요, 사고주체, 행동유형, 사상자 연령/성별 등
초등학교/학원위치 데이터	경기교육청 (경기도 협의)	- 초등학교/학원 위치(주소)

<표 4-3> 참여형 데이터

구분	초등학생	성인
시기	• 2016.11.07 ~ 2016.12.16(총 1866건 수집)	• 2016.11.07 ~ 2016.12.16(총 464건 수집)
대상	• 이천시 내 초등학교 재학생	• 이천시 내 초등학교 교사, 초등학생 학부모, 관할경찰서 경찰관
지역	• 이천시(2015년 기준) - 면적 : 461.36㎢/ 인구 : 20만 4935명	• 이천시(2015년 기준) - 면적 : 461.36㎢/ 인구 : 20만 4935명
방법	• 웹 기반 구조화된 수집방식 이용 • 경기도 교육청 및 각 학교 협조 하에 수업시간 중 태블릿 PC를 통한 조사 시행	• 초등학교 교사, 경찰관 : 근무지에서 조사 • 학부모 : 가정통신문
표본 추출방법	• 전수조사 자율 참여	• 임의표본 추출
표본 크기	• 최대 1.2만 명 이내	• 협조 학부모, 교사, 경찰관(수백 명)

2. 국내 빅데이터 모델 구축 사례

1) 첨단 재난 상황실[19]

○ 추진기관: 안전행정부

○ 추진목적

- 스마트 빅 보드서비스를 통해 기상, 재난이력 및 국내외 재난정보 공유를 통한 상황 정보를 취득 가능하도록 함으로써 다양한 유형의 재난에 신속하고 정확하게 대응하도록 하였음

○ 추진배경

- 재난상황에 대한 통합데이터 부족
  • 그간 재난·안전사고 발생 시 주로 문서나 유선을 통한 상황 보고에 그친 현장 정보와 언론사나 지자체에서 제공된 영상 정보를 수동적으로 이용함
  • 재난상황을 실시간으로 파악하고 능동적으로 분석하여 국민들의 신속한 안전 확보에 도움을 주기 위한 체계적인 서비스에 대한 필요가 꾸준히 제기됨

---
[19] 국립재난안전연구원. 수요자 맞춤형 스마트 재난관리 실용화 기술개발, 2104.12

o 추진내용

- 스마트 빅보드를 통해 기상, 재난이력 및 국내외 재난정보 공유를 통해 재난현장상황 정보 취득 가능
- CCTV무인항공기스마트폰 등 다양한 첨단 기술을 통해 입체적인 상황조회 가능
- 위치기반 SNS정보 및 트위터 등 재난현장 제공정보를 이용한 신속대응 가능
- 빅데이터 정보: 재난관리 활용성 높은 실시간 트윗정보, 과거 재난이력 분석결과 재난관련 정보를 연계, 위치기반서비스(LBS: Location Based Service)형태로 표출

o 성과

- 다양한 유형의 재난에 신속 정확 대응
  - 상황판단에 필요한 정보를 신속하게 제공하고 최적의 상황대응 의사결정 지원
  - 2013년 4월 산대저수지 붕괴사고와 7월 아시아나 항공기 사고 시 언론보다 먼저 위험 상황 전파가 이루어 짐

o 시사점

- 재난관련 정보 연계 및 위치기반서비스를 이용하여 상황판단에 필요한 정보를 신속하게 제공하고 의사결정에 결정적인 도움을 주었던 사례임
- 경영관리/지원 시스템, 수자원, 수도, 건설/관리시스템간 정보 연계 및 위치기반 서비스 형태로 의사결정 정보를 표출함으로써 정확한 상황대응 및 의사결정이 가능하도록 지원하는 것이 필요함

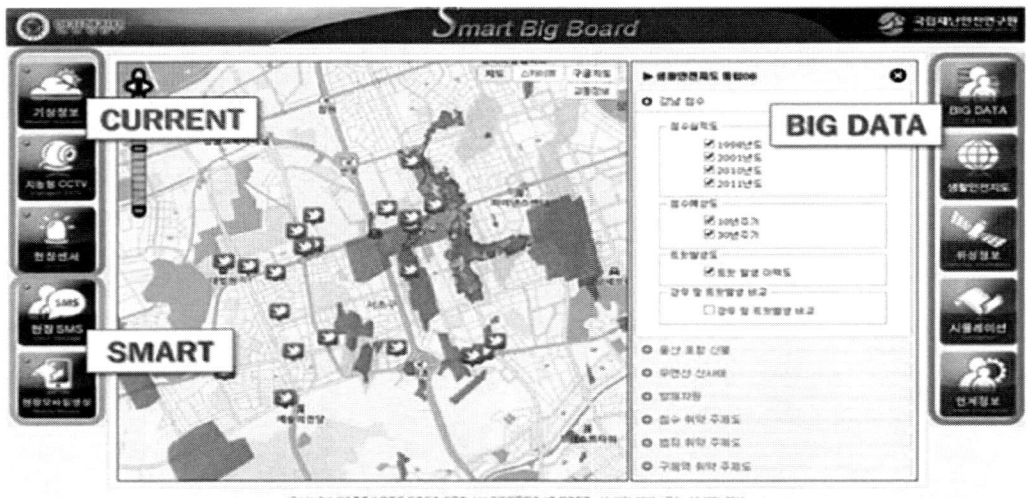

[그림 4-5] 스마트 빅보드 메인화면

자료 : 국립재난안전연구원. 2013.

2) 교통안전정보관리체계(TAAS)[20]

- 추진기관: 도로교통공단
- 추진목적
  - 교통안전정책 수립을 위한 기초통계자료 제공을 통한 선진 교통안전 정책 기반 조성을 위하여 교통안전정보관리체계(TAAS)를 운영하고 있음
- 추진배경
  - 도로교통사고 감소대책과 교통안전의 예방활동 및 정책수립을 위해서는 정확한 교통사고 조사 자료의 수집·관리가 필요하나 그 동안 우리나라의 교통사고 조사 자료는 경찰, 보험사, 공제조합 등 기관별로 분산 관리되어 교통사고 조사 자료의 통합·관리 필요성 대두
- 추진내용
  - 교통사고주제도 서비스: 주제도 항목 및 지역별 교통사고 통계지도 제공(교통사고 발생건수, 사망자수, 부상자수, 교통안전지수, 인구 10만 명당·자동차 1만 대당·도로 10Km당 사망자수)
  - 교통사고 사례보기
    - 중대사고 사례별 교통사고 원인 및 안전운전 Tip
  - 사망사고 보기
  - 개별 사고 정보 보기
  - 지역별/경찰서별/노선별 사고검색
  - 부문별 사고 검색
  - 심층 분석: 공간검색 및 위험도 분석서비스 제공
    - 공간검색: 반경검색, 사각형 검색, 폴리곤 검색
    - 위험도 분석: 셀 분석
- 성과
  - 분산 관리되고 있는 교통사고 정보의 통합DB 구축 및 운영
  - 교통유관기관에게 국가 교통안전정책 수립을 위한 기초통계자료 제공
  - GIS기반의 교통사고 분석 및 활용

---

[20] 교통사고분석시스템(http://taas.koroad.or.kr/)

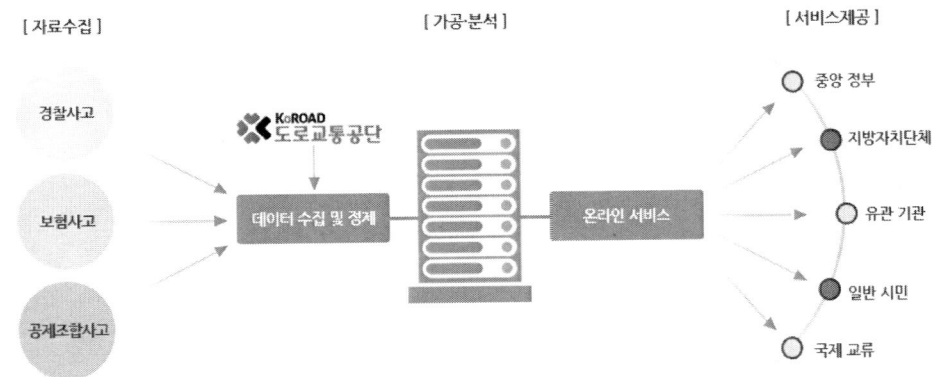

[그림 4-6] 교통안전정보관리체계

- 시사점
    - 교통안전정보관리체계는 경찰청, 손해보험협회, 공제조합으로부터 수집된 교통사고자료를 통합하여 도로교통사고 분석 정보 및 기초통계자료를 제공함
    - 교통사고 GIS검색시스템에서는 교통사고 정보를 관련정보와 매쉬업하여 GIS기반으로 서비스를 제공함
    - 수집된 교통사고관련 데이터를 활용하여 시뮬레이션 분석 기능을 구성하여 운영하고 있음
    - 어업지도 효율화모델 또한 유관 분야에 산재되어 있는 정보를 통합관리하고 분석체계를 구축할 필요가 있음

3. 소결 및 시사점

- 국내 사례 분석 결과 현재 빅데이터를 활용한 재난 대응, 교통사고 관련 연구 및 시스템 구축사례는 있으나 수산업과 어업지도에 적용된 사례는 없음

- 국내에 적용된 빅데이터 기술은 불법 및 사고 정보를 분석하고 대응하는데 활용되고 있으며, 과거 이력과 분석결과를 GIS 상에 표시하고 위험지역을 예측하여 Hot-Spot 형태로 도출함

- 본연구의 대상이 되는 해상은 육상과 달리 지속적·유동적 움직임이 발생하여 기존 사례와 적용 방법에는 분명한 차이가 있으나 지역별·유형별로 정보를 분류하여 분석한다는 점에서 분석 방향에 유사성이 있음

- 또한 GIS 상에 Hot-Spot, 위험도 지수 등을 시각화하여 나타내는 방법은 본 연구에 유용하게 활용될 수 있음

제2절 국외사례

1. EU IUU규정 이행 지원을 위한 IT기반의 위험평가모델 개발

  ○ 수행기관: Black Bawks Data Science(2017)

  ○ 연구목적

   - EU위원회는 현재 불법 수산물 수입을 금지하는 EU 법안의 초석인 어획 인증 제도 이행을 개선하기 위한 IT 시스템을 개발 중에 있음
   - 이와 관련하여 Black Bawks Data Science의 IT 전문가인 Grant Humphries는 불법어업이 의심되는 선박 및 화물을 식별하는데 도움이 될 수 있는 비교적 간단한 알고리즘 개발방법과 시뮬레이션 과정 및 결과를 설명함

  1) 주요내용

  ○ 세계 어획량의 1/3(연간 1,100만 톤~2,600만 톤)이 불법·비보고 어획에 의해 생산되고 있는 점을 고려하면 이를 근절하기 위한 새로운 시스템 개발·적용은 매우 중요한 사안임

  ○ EU는 2008년, 불법어업과의 전쟁에 관한 규정을 채택하였으며, 여기에는 어획보고 문서화, EU 회원국이 행한 침해에 대한 제재 처벌 제도, EU양륙항에서의 어획물 검역에 대한 최소 기준 등 여러 체제를 통해 불법어업 비용을 높이고 인센티브를 없애는 것을 목표로 하고 있음

  ○ 기계학습(machine learning) 기반의 간단하지만 강력한 의사결정 지원 도구는 다양한 범죄 대응에 점차 중요 해지고 있으며, 이러한 도구는 불법어업과의 싸움에 중요한 기여를 할 수 있는 잠재력이 있음

  ○ 그러한 도구를 적용함에 있어서의 핵심사항은 위험관리에 있으며, 이는 집행 공무원이 통제 혹은 조사 대상 선박 및 수산물을 결정할 때 정보에 입각하여 투명한 결정을 내릴 수 있도록 함

  ○ 즉, 위험분석은 제한된 집행 자원을 이용하여 불법어업을 통해 생산된 제품을 타깃으로 지정하는데 효과적이고 효율적으로 지원할 수 있음

  ○ EU의 불법어업 규정은 앞으로의 통제와 검사를 위해 선박과 화물을 선별함에 있어 회원국가 당국을 안내하기 위한 위험기준을 제시하고 있음

○ IT시스템을 기반으로 한 불법어업 대응 알고리즘은 당초 2016년 완료를 목표로 계획되어 있었으나 2018년 완료가 예상되며, 이는 회원국 당국이 입수한 어획 인증서 이중 확인과 불법어업을 통한 수산물 수입의 위험성 평가를 용이하게 할 것으로 기대됨

○ 현재 개발 중에 있는 의사결정 지원도구는 강력한 기계학습 알고리즘인 Random Forests의 예측력과 오픈소스 웹 애플리케이션 빌더 "R Shiny"를 결합한 것으로, 이를 사용하면 매개 변수가 설정된 테스트 어선을 선택하고 해당 어선이 불법어업에 관여할 가능성을 예측할 수 있음. 즉, 사용자는 스스로 필요한 일련의 매개변수를 생성하고 불법어업에 관여할 확률에 대해 예측할 수 있게 됨

○ 응용프로그램 개발 과정은 아래와 같으며, 실제 적용 시 알고리즘에 훈련할 데이터 세트는 웹 기반 애플리케이션을 통해 접근할 수 있는 중앙 암호 및 방화벽으로 보호된 데이터베이스에 저장되는 형식임

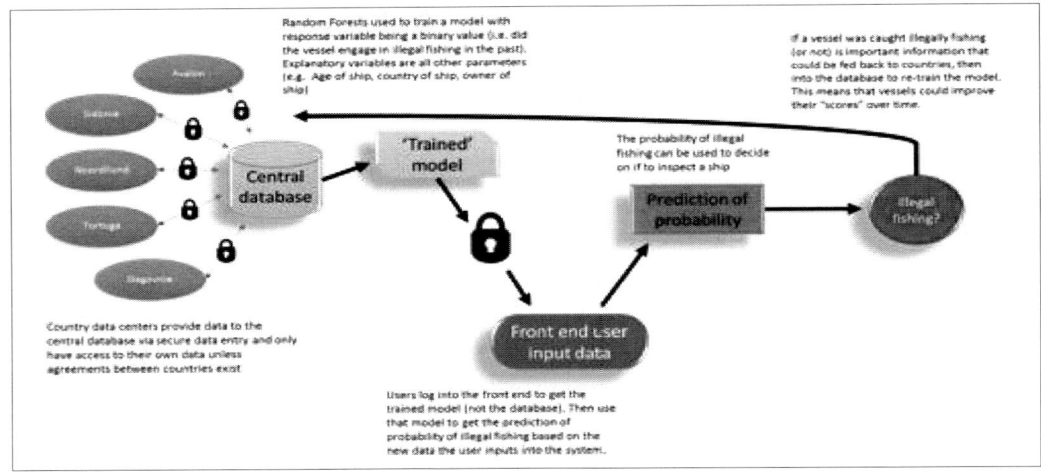

[그림 4-7] 의사결정 지원도구 개발 과정 도식화

<표 4-4> 의사결정 지원도구 개발 과정

단계	내용
1단계	불법어업과 시뮬레이션을 통해 예측된 변수 간에 사전 설정된 관계의 특성과 선박의 가설 데이터 생성
2단계	Random Forests(기계학습) 알고리즘 훈련
3단계	사용자가 데이터를 입력할 수 있는 웹 기반 애플리케이션 "R Shiny" 구축
4단계	훈련을 거친 Random Forests(기계학습) 알고리즘 정보를 사용하여 해당 선박이 불법어업에 참여할 확률을 예측

2) 불법어업 위험평가 모델 적용(예시)

○ 1단계: 데이터 수집 및 가설설정

<표 4-5> 가상 데이터 세트 설정

대상국가	Sidonia, Avalon, Noordilund, Slagovnia, Tortuga
소유주	SparkleFish, FishRGud, KungFuFish, ScummyFishCo, FishARRRies
선박분류 (선박 길이 기준)	등급1(60~100m), 등급2(101-130m), 등급3(131-170m), 등급4(171~220m), 등급5(221-300m)
예상 도착지	LaLaLand, BetaZed, The Shire, Alpha Centauri, Kings Landing
주 어획어종	Raricus fishica, Commonae eatedie, Billidae nyiecus, Donaldus trumpfishii, Fishica maximus

<표 4-6> 10가지 가정 및 가상 시뮬레이션 설정

가정 1	가장 큰(등급5) 선박과 가장 작은(등급1)선박은 불법어업에 관여할 확률이 약간 높다.
가정 2	강력한 불법어업 관련 법규정을 가진 "책임있는" 국가는 불법어업에 개입할 가능성이 적다. (데이터 세트에서 Sidonia와 Noordilund는 규제가 엄격한 국가이며 Avalon은 중간에 있고 Slagovnia와 Tortuga는 규제가 거의 없거나 전혀 없다.)
가정 3	지속가능한 관행을 가진 기업은 불법어업에 거의 참여하지 않을 것이다.(SparkleFish와 KungFuFish가 가장 지속 가능하며 FishRGud는 보통이며 ScummyFishCo와 FishARRRies는 지속 가능성이 가장 낮다.)
가정 4	오래된 어선은 비용 절감을 위해 안전 기능을 우선순위에서 등한시 하는 조직에 의해 사용되기 쉬우므로 불법어업에 종사 할 가능성이 더 높다.(조직이 더욱 부패하기 쉬움)
가정 5	Raricus fishica는 불법적으로 가장 많이 잡히게될 가능성이 크지 만, Billidae nyiecus는 다른 어종과 유사하게 보이므로 불법어업이 될 가능성이 높아 더 높은 점수를 부여한다.
가정 6	CITES에 등재 된 II 어종은 불법어업과 관련 될 가능성이 더 높다.
가정 7	과거에 불법어업으로 신고 된 경우, 선박이 불법적으로 조업할 가능성이 높아진다.
가정 8	과거에 불법어업국으로 지정 되었다면 불법어업이 더 많이 일어날 가능성이 있다.
가정 9	선박이 무역 경로를 전환 한 경우, 불법 조업 가능성이 높다.
가정 10	선박이 AIS를 켜지 않았다면 불법 조업하는 경향이 있다.

○ 2단계: 데이터 분석
- Random Forest의 하이퍼 매개변수(예: 알고리즘 튜닝에 도움이 되는 모든 설정)를 기본설정 그대로 사용하였으며, 분석 결과는 모델 설정을 통해 크게 향상 될 수 있음
- Random Forest는 대상변수에 대한 예측을 수행하기 위해 의사결정 트리(즉, 조건부 "if/then"구문의 개선된 시리즈)를 통해 작동함
- 목표변수(여기서는 불법어업)와 예측변수 (목표를 예측하기 위해 사용하려는 변수) 간의 관계를 "학습"하여 이러한 조건문을 작성함. 즉, 1단계에서 시뮬레이션한 데이터를 사용하여 "불법"항목을 목표변수로 선정하고 다른 항목(소유자, 국가 등)을 기준으로 해당 선박이 불법어업에 참여했는지 여부를 예측하는 데 사용함
- 이후 모델이 데이터를 잘 예측하고 있는지 확인하기 위해 교차 유효성 검사를 수행함

○ 3단계: 사용자 입력 및 예측
- 웹 기반의 어플리케이션을 통해 사용자는 "소유자", "국가", "선박 길이"등과 같은 관련 데이터를 입력하게 함
- 예를 들어, "Christian Bale"은 (소유주)ScummyFishCo, (선적국)Slogovnia, (선박등급) 4등급/192m, (건조시기)1975년, (주 도착지)LaLaLand 라고 할 경우, 해당 선박이 항구로 들어와 사용Raricus fishica를 어획하였고 어획물은 King's Landing으로 보내졌으며 AIS는 마지막 항구에서 부터 작동했다는 정보를 입력한다면, 선박이 불법어업에 참여했을 확률은 93%로 담당 공무원이 조사를 위해 선박에 탑승 할 가능성이 높다.
- 다른 경우, "Bruce Lee"은 (소유주)KungFuFish, (선적국)Noordilund, (선박등급) 1등급/83m, (건조시기)2014년, (주 도착지)LaLaLand라고 할 경우, Bruce Lee가 Commonae eatedie를 어획한 후LaLaLand로 운송하고 돌아왔으며 AIS를 계속 작동시킨 것으로 입력한다면 불법어업에 참여 할 확률은 3%이므로 선박에 대한 철저히 검사가 필요하지 않음

○ 4단계: 정보사용
- 선박의 불법어업 예측 결과를 도출하는 목적은 궁극적으로 해당 선박의 선상 검사 여부를 결정하는 것임
- 사전예방원칙 측면에서는 가능한 선상조사가 필요하겠지만, 상업적으로 실행이 불가능한 수준의 검사 건수를 발생시킬 수도 있음. 따라서 불법어업에 종사할 가능성이 매우 높은 선박(예로, 80% 혹은 그 이상)의 기준을 정하고, 해당 선박만을 검사하여 효율성을 높임

제4장 국내외 관련 사례 분석

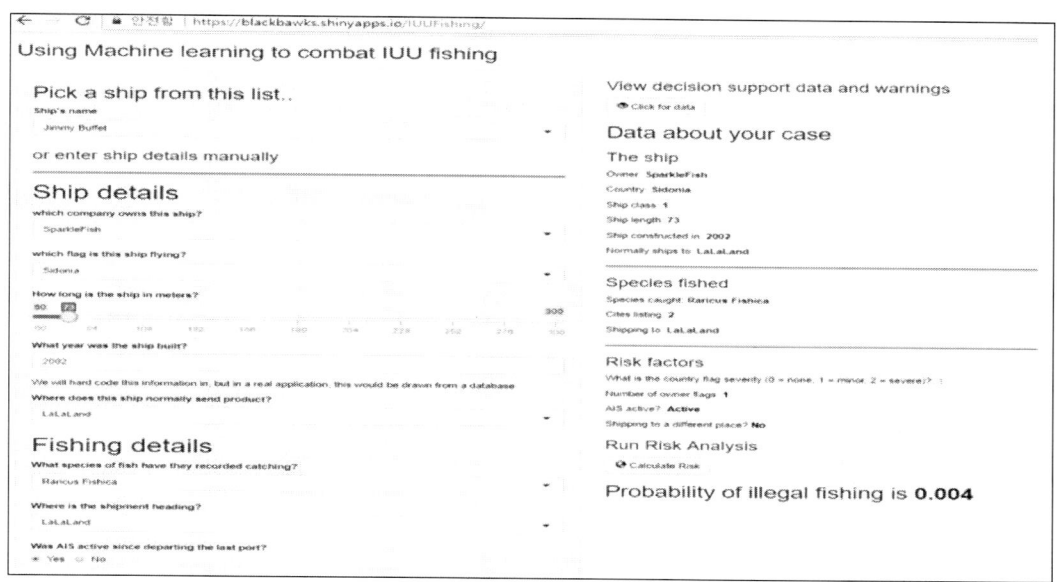

〔그림 4-8〕 R Shiny 로 구축한 웹 어플리케이션 화면

2. Global Fishing Watch 빅데이터 분석[21]

○ 2000년 국제 해사기구에서 선박 충돌방지 등의 안전을 위한 AIS를 도입하도록 유도 하였으며, 이를 계기로 2012년 Global Fishing Watch Bata 서비스를 진행하여, 2014년 Google가 본격적으로 참여로 선박 충돌 안전과 불법 조업 방지를 위한 서비스를 본격화 하게 되었음

1) 서비스 목적

○ Global Fishing Watch은 인공위성이 수집한 AIS 데이터를 분석해 세계 곳곳의 어로 현황을 표시해 주는 서비스임

○ 각 선박의 이름과 항로, 속도 등 구체적인 선박이동 패턴이 표시되며, 전 세계 어로 위치 및 집중 어로 시기를 웹 서비스를 통해 누구나 액세스 할 수 있도록 개발됨

---

[21] OCEANA (국제비영리단체). GLOBAL FISHING WATCH Prototype final report
구글, "빅데이터 인공위성으로 불법조업 잡는다." 2014.11.17. 참조
- http://www.ciokorea.com/tags/236/%EA%B5%AC%EA%B8%80/23024Google joins the effort to combat overfishing, with Global Fishing Watch
- http://newatlas.com/google-overfishing-global-fishing-watch/34794/

○ 초기에는 선박충돌의 방지와 같이 해상 안전을 위해 설계되었지만, 이후에는 각 선박의 움직임 패턴을 분석하여 어로 활동 및 선박 판별 여부를 확인하게 되었음

○ 선박의 AIS, VMS 위치 데이터를 기반으로 서비스를 제공함

○ 그러나 AIS, VMS 는 초기 설계 의도가 달라 데이터 품질에 차이가 존재함
 - AIS 는 주로 선박이 주변의 다른 선박 및 육상 기지와 통신하기 위한 것으로 만들어졌으며 충돌 회피 시스템의 용도가 주목적임. 위성이 오버 헤드, 선박이 혼잡한 지역에서 AIS 신호가 서로 구별할 수 없는 지점이 있음
 - VMS는 처음부터 선박 모니터링 및 추적 시스템으로 설계되어 시스템이 켜져 있는 한 신호를 수신하므로, AIS 보다 데이터에 일관성이 존재함

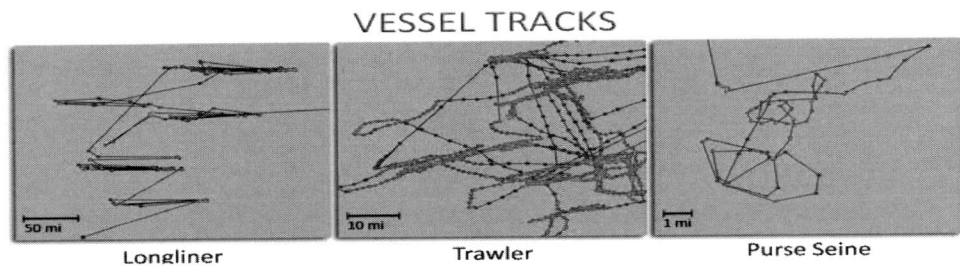

[그림 4-9] 선박 추적 궤적

[그림 4-10] Global Fishing Watch Web Service 화면

2) 추진 및 활용 방안

o 데이터 마이닝을 통한 유형별 어로 활동 판별

o 선박의 움직이는 패턴을 분석하여 선박의 fishing 방법 및 선박 종류를 유추하여 불법 조업 여부 판별하는 알고리즘 개발

o 데이터 마이닝 및 기계학습을 사용하여 AIS에서 Fishing 패턴 감지 개선 연구 Improving Fishing Pattern Detection from Satellite AIS Using Data Mining and Machine Learning (PLOS 에 연구 논문 게재)

　- 2016년 7월 Erico N. de Souza, Kristina Boerder, Stan Matwin, Boris Worm 가 PLOS (Public Library of Science - 미국 샌프란시스코 비영리 단체) 게재
　- http://journals.plos.org/plosone/article?id=10.1371%2Fjournal.pone.0158248

o 적용 대상 및 적용 알고리즘

　- Trawler : Hidden Markov Models 적용
　- Longliner : Lavielle, First-Passage Time, Utilization Distribution 알고리즘
　- Purse seiner : Filtering 기반 접근방식으로 계산

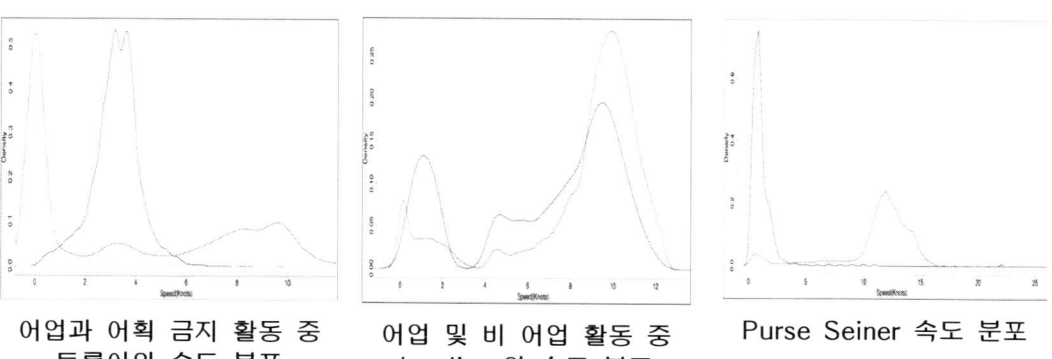

　　어업과 어획 금지 활동 중　　어업 및 비 어업 활동 중　　Purse Seiner 속도 분포
　　　트롤어의 속도 분포　　　　　longliner의 속도 분포

〔그림 4-11〕 Global Fishing Watch 분석 알고리즘

3. Vulcan Inc. 'SkyLight'

- SkyLight 서비스는 마이크로 소프트 공동창업자인 Paul G. Allen과 Vulcan Inc.의 불법어업 정보 및 연구 프로그램임

1) 제공서비스

- 어선 추적 및 불법어업 예측 서비스
- 기술, 항공 우주, 어업 관리 및 공공 정책 등에 대해 포괄적인 솔루션 제공
- 클라우드 기반으로 어선 이동 정보 국가간 공유 가능

2) 서비스 특징

- 다양한 데이터 소스 통합
  - 불법어업 선박 식별을 위해 위성 정보, 선박 기록, 어업 규정, 허가 정보 등의 데이터 통합 활용
- 실시간 알림
  - 사용자 맞춤형 정보의 적시 제공을 통해 불법어업 관련 사전 대응 지원
  - 정기적인 상태 보고서를 통해 어업지도 계획 수립에 필요한 정보 제공
- 기계 학습(Machine Learning)
  - 다양한 데이터 소스 통합 이후 기계 학습을 통해 불법어업 자동 탐지 및 제공 서비스 개선

3) 활용 계획

- 저개발국의 IUU관리를 위한 지원 사업을 추진 중에 있으며 내년 상반기 보급예정으로 현재 태평양 팔라우섬과 아프리카 가봉에서 테스트를 진행 중임

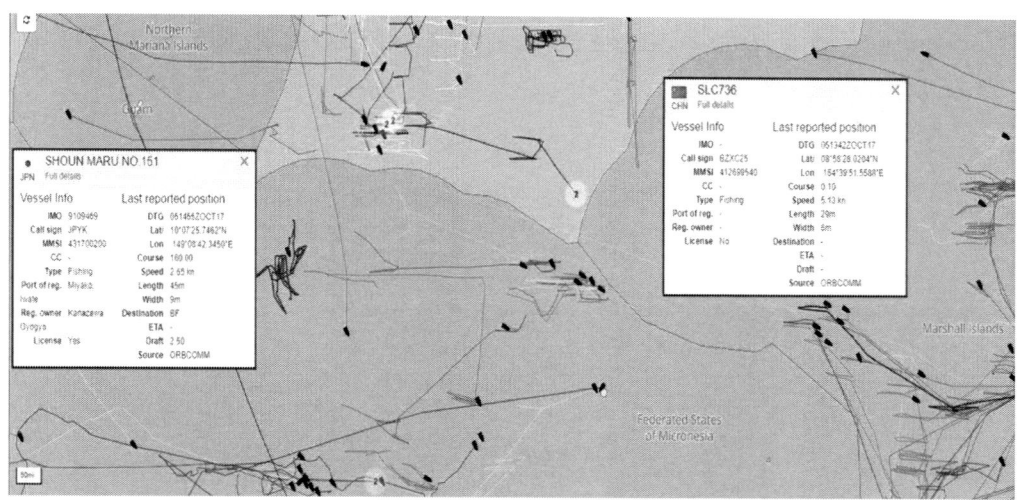

〔그림 4-12〕 SkyLight 서비스 제공화면

4. 소결 및 시사점

○ 해외 사례 분석결과 불법어업 예측과 관련하여 활용된 빅데이터 기술은 기계학습, AIS 기반 어선 추적(Tracking), 클라우드 플랫폼 등으로 이는 우리나라에서도 활용 가능한 기술임

○ 위 사례들은 대부분 대양에서만 적용된 기법이라는 한계점을 지니고 있으며, 모두 AIS의 GPS 정보를 추적한 내용을 바탕으로 기계학습을 통해 불법어업을 예측하는 방법을 사용하고 있어, 알고리즘의 구현을 위해서는 AIS 작동이 전제되어야 함

○ 그러나 우리나라의 경우 잦은 해무로 인해 위치 정보 관측이 어렵고, 어민들이 GPS 관련 정보 송출 장치(VMS)를 자주 OFF 하여 GPS 정보가 부정확하므로, 해당 시스템을 사용하는데는 한계가 있음

○ 또한 해외의 사례는 특정 어선의 불법어업 예측을 목표로 하지만 우리는 일정 수역의 불법어업 발생확률을 예측한다는 점에서 적용 가능 기술에 차이가 있음

○ 우리나라 어업지도 효율화모델 개발에서는 단속 정보 및 유관기관의 정보를 토대로 불법어업 유형 및 날짜별 불법어업 발생예측결과를 도출하고, 위치정보를 함께 사용하여 분석의 정확도 및 기술 활용도를 높임

o 인근반복모형과 위험영역모형을 베이스로 GPS 정보 없이도 일정 수역에 대한 불법어업 예측 및 추적이 가능하도록 플랫폼을 구축함

<표 4-7> 해외 불법어업 예측 모델의 비교

	EU의 IT기반의 위험평가모델 개발	Global Fishing Watch	SkyLight
개발목표	불법어업 예측	불법어업 예측	불법어업 예측
요소 기술	• 기계학습(Random Forests) • AIS Tracking	• 구글 Cloud Platform • 기계학습(Trawler선 - Hidden Markov Models) • AIS Tracking	• MS Cloud Platform • 기계학습 • AIS Tracking
완료 여부	2018년 상용을 목적으로 시뮬레이션 진행	2016년 개발완료	개발 완료 2018년 상반기보급 예정
요소 기술의 국내 적용 가능 여부	적용 가능	적용 가능	적용 가능

제5장 빅데이터를 활용한 어업지도 효율화모델 개발 방안(RFP 도출)

제5장 빅데이터를 활용한 어업지도 효율화모델 개발 방안(RFP 도출)

제1절 어업지도 효율화모델 개발 목표

1. 개발 목표

1) 어업지도 효율화모델 개발을 위한 유형별 예측

○ 지역(해역)별 불법어업 예측 수행
  - 국내 연근해를 수역별로 일정 크기의 격자로 지정하여, 해역별·업종별·시기별 구분하여 불법어업 발생 가능성을 수치화
  - 불법어업 발생 예측치는 대해구, 소해구별로 수치화
○ 불법어업 유형별, 시기별 분포 및 불법어업 현황 도출
  - 일정 시기별로 단속된 어선 혹은 단속된 선주가 속한 어선의 어업 현황 도출
  - 불법어업 발생 예측치는 해구별로 수치 혹은 색상으로 GIS상에 표출

2) 불법어업 및 어업지도 관련 정보 통합 및 공유

○ 유관기관으로부터 어업지도 관련 정보를 통합하여 공공기관, 지자체 및 어업 단체에게 정보를 공유하도록 통합관리 플랫폼 구축
  - 기관별 어업지도 현황 정보 공유 (단속기관 - 동·남·서해어업관리단, 해양경찰, 시도 지자체, 기관 - 안전조업을 위한 수산업협동조합 등의 관련 단체)
  - 어업에 관련된 정보 관리의 주체로부터 주기적으로 정보를 수집하여 통합적인 관점에서 정보를 공유하도록 플랫폼 구축
  - 예) 국토교통부에서 국가공간정보 기본법을 바탕으로 공간정보체계[22]를 구성하고 [23]국가공간정보통합체계를 운영함

---

[22] "공간정보체계"란 국가공간정보기본법 제2조(정의) 2항, 공간정보를 효과적으로 수집·저장·가공·분석·표현할 수 있도록 서로 유기적으로 연계된 컴퓨터의 하드웨어, 소프트웨어, 데이터베이스 및 인적자원의 결합체
[23] "국가공간정보통합체계"란 국가공간정보기본법 제2조(정의) 6항, 제19조제3항의 기본공간정보데이터베이스를 기반으로 국가공간정보체계를 통합 또는 연계하여 국토교통부장관이 구축·운용하는 공간정보체계

o 다양한 기관(해양수산부 및 산하기관, 해양경찰청, 지자체, 관련 기관, 기상청, 수산업협동조합, 해군 등)으로부터 정보 수집 및 제공을 용이하도록 하기 위한 빅데이터 플랫폼24) 도입

- 어업지도를 위한 빅데이터 플랫폼 구축
- 어업지도 관련 정보 수집 (불법어업 단속 현황, 불법어업 처벌결과 등)
- 수집한 정보를 다양한 분석 알고리즘에 맞는 데이터 마트(Data Mart)25)로 구성
- 데이터 마트에서 불법어업 발생 예측치를 산출하여 어업지도 관련 담당자가 직관적으로 이해·활용할 수 있는 정보를 제공하도록 구축

3) 각종 불법어업 관련 다양한 보고서 산출

o 각 해역별 불법어업 현황 및 실적에 대한 통합적 보고서 산출

- 월별 불법어업 단속 현황 및 어업지도 실적 산출
- 어업지도 기관별 운항 계획 공유로 효과적 단속 진행

2. 구축 방향

1) 안정적인 정보 수집·저장·분석 플랫폼 구축

o 유관기관으로부터 안정적인 데이터를 수집하도록 서비스 구성

- 불법어업 단속 정보, 어선 정보, 어업 조업 정보 등 여러 기관에서 일괄방식, 실시간 방식으로 데이터가 지속적으로 수집·저장되도록 서비스를 제공하고자 함
- 여러 유관기관의 연계를 위해 기관의 시스템간의 연계, 행정정보공동이용센터의 정보유통시스템을 통해 정보가 수집·저장되도록 서비스를 제공하고자 함

o 분석 방향에 맞게 주기적으로 데이터를 저장하도록 서비스 구성

- 유관기관에서 수집한 원본 데이터는 원본 데이터마트(Data Mart)에 저장되도록 구성 (빅데이터 플랫폼 관리 서비스의 원본 데이터 마트로 관리)
- 분석에 필요한 분석 데이터 마트를 구성하여 주기적으로 저장하도록 구성 (빅데이터 플랫폼 관리 서비스의 분석 데이터 마트로 관리)

---

24) 플랫폼 : 공급자와 수요자 등 복수 그룹이 참여해 각 그룹이 얻고자 하는 가치를 공정한 거래를 통해 교환할 수 있도록 구축된 환경 커뮤니케이션북스, .플랫폼이란 무엇인가., 저자 노규성, 2014. 4.
25) 데이터 마트 (DM : Data Mart) : 특정 목적의 데이터 모음 (예 : 지역별 구분 - 서해 항구 정보 모음, 남해 항구 정보 모음)

2) 분석에 필요한 환경 및 적용 알고리즘 간의 결합 고려

o 관리 및 분석이 필요한 연근해 해역에 대한 분석 단위가 필요
  - 해구별 분석 가능 크기 (GIS 상의 경위도와 같은 사각형 격자 단위 필요)
  - 예) 격자 크기 : 가로 10Km X 세로 10Km
o 불법어업 예측시 적용 가능한 알고리즘에 대해 상세한 검토 후 적용
  - 실데이터로 검증을 통한 알고리즘간의 미진한 부분 보완하고자함
  - 알고리즘 혹은 간의 결합 여부는 알고리즘 전문가로 통해 검증함

3) 해양 GIS 환경 통합 구축

o 각 유관 기관에서 관리되는 해양 지리정보를 공유하여 GIS 환경 구축
  - 국토지리정보원 등 유관기관에 GIS 서비스를 활용
  - 국토지리연구원의 V-World의 기본도를 바탕으로 해양 관련 정보를 유관기관으로 협조를 받아 통합 구축
o 어업지도 효율화모델은 전자해도를 바탕으로 한 해양 GIS에 도식화하여 표시되어짐

제2절 어업지도 예측모형 개발을 위한 요소기술

1. 플랫폼 구축 개요

1) 어업지도 효율화모델 플랫폼 구축 목적

○ 어업지도 효율화모델은 유관기관(어업관리단, 해양경찰청, 지방자치단체, 수산협동조합 등)에서 어업지도 관련 정보를 수집하여 시기별, 수역별, 불법어업유형별로 분석하여 불법어업 발생 예측치를 산출하여 관련 유관기관에게 공유할 수 있는 플랫폼을 구축

○ 내·외부 연계를 통한 데이터 수집, 수집한 데이터를 정제하여 불법어업 발생 예측을 위한 알고리즘을 개발하여 모델화하고, GIS 화면 위에 예측치를 표현하고, 관련 기관에 제공할 수 있도록 빅데이터 플랫폼 구축

○ 다양한 데이터 종류와 많은 양의 데이터를 꾸준히 수집하고, 복잡한 알고리즘을 통한 모델링과 분석, 그에 따른 시각화 등 수집부터 분석, 시각화까지 현재 이슈화된 빅데이터 기술을 적용하여 구축함

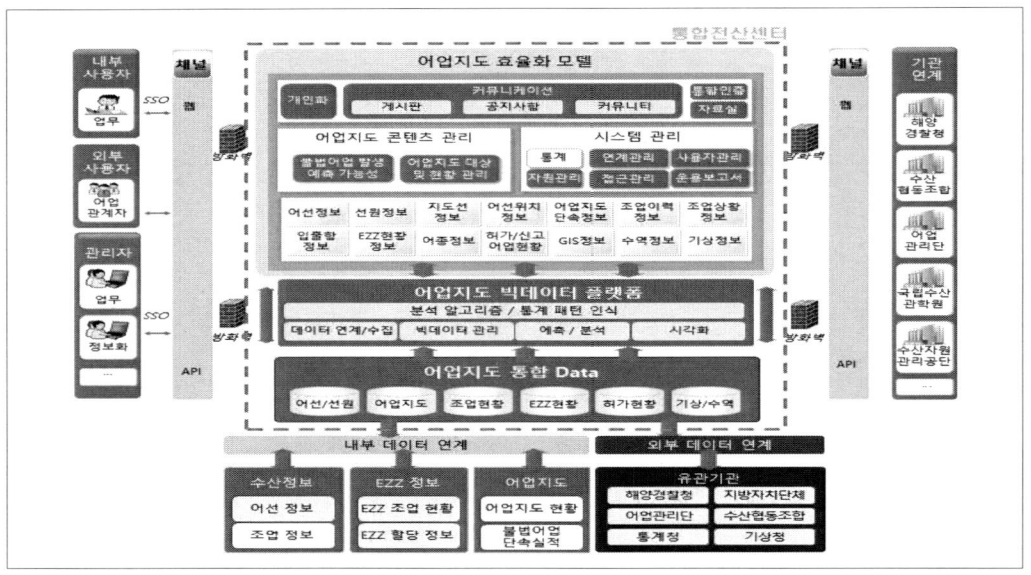

〔그림 5-1〕 어업지도 효율화모델 플랫폼 구축 개념

2) 어업지도 효율화모델 플랫폼 서비스 목표

○ 어업지도 효율화 증대를 위한 빅데이터 플랫폼은 4가지 서비스로 구성됨
  - 시스템간의 연계를 통해 데이터를 수집하는 빅데이터 연계·수집 서비스
  - 수집 데이터를 필터·정제하여 데이터를 저장·관리하는 빅데이터 관리 서비스
  - 정제된 데이터를 바탕으로 해역별/업종별/시기별 불법어업 알고리즘을 통한 불법어업 예측·분석 서비스
  - 그 외 지역(해역)별 어업지도 통계 및 시각화 서비스

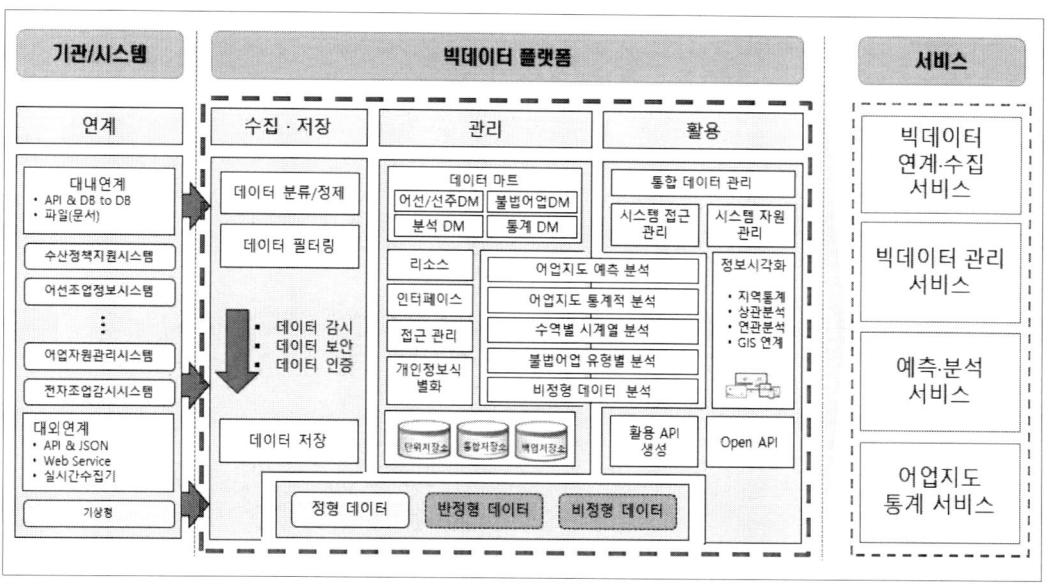

[그림 5-2] 어업지도 효율화모델 개발을 위한 빅데이터 플랫폼 구성(안)

2. 빅데이터 플랫폼 구성

1) 어업지도 효율화 빅데이터 플랫폼 HW 구성

○ 전체 빅데이터 플랫폼 HW 구성은 1차년도, 2차년도로 연차별로 구성

○ 1차년도 : 기본 구성 요소 [빅데이터 요소(Search, Index, Forwarder), Web/WAS/DB/GIS 요소]

○ 2차년도 : 기본 구성 요소 중 일부 Load Balance[26]로 구성 (Web/WAS, L4 Switch)

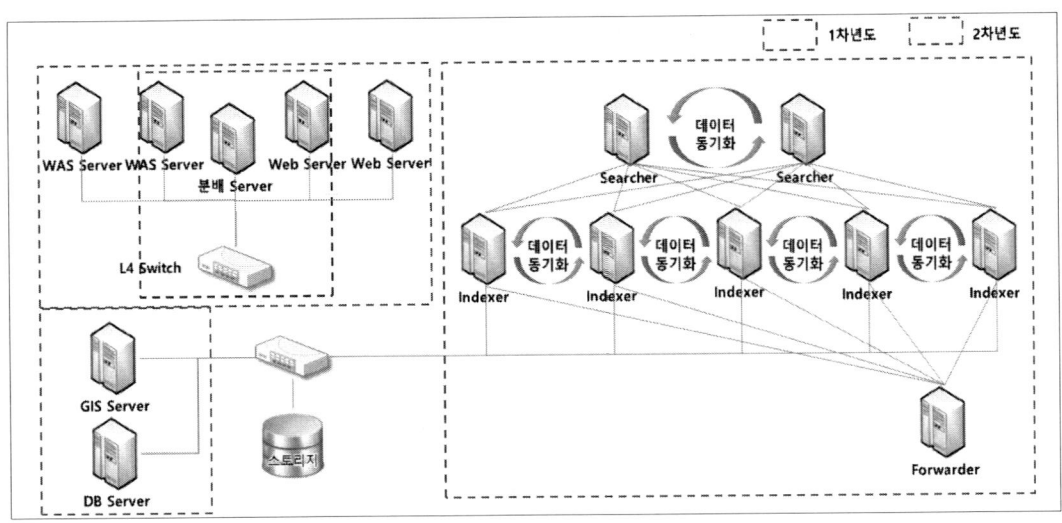

[그림 5-3] 어업지도 효율화모델 개발을 위한 빅데이터 플랫폼 HW 구성(안)

2) 어업지도 효율화 빅데이터 플랫폼 HW 구성 요소

○ 장비 역할
- Web Server[27] : Application 화면을 제공해 주는 서버
- WAS[28] : 트랜잭션 처리 및 관리하는 서버
- GIS Server : 전자지도 (해도) 및 공간 연산을 처리하는 서버
- DB Server : 사용자/권한 관리 등 웹 서비스를 관리하는 DBMS
- Searcher : 각 Indexer의 색인을 분산 검색하여 데이터 검색 수행하는 서버
- Indexer : 수집한 데이터를 색인 처리하여 저장 관리하는 분산 파일 서버
  • 대용량 서버 한 대를 이용하는 것보다 다수의 서버로 분산 구성하는 것이 성능 향상 및 데이터 유실 방지에 적합함
- Forwarder : 내외부 연계 수집 서버
- 분배 Server : 실시간 영상 스트리밍 서비스, 특정 상황에 대한 알림 및 과거 영상 조회 서비스를 처리하는 서버
- 스토리지 : 빅데이터 플랫폼에서 오래된 데이터를 백업하여 보관하는 저장소

---

26) Load Balancing(부하분산) : 병렬로 운용되고 있는 기기 사이에서의 부하가 가능한 한 균등하게 되도록 작업 처리를 분산하여 할당하는 것 (두산백과 사전)
27) Web Server : 사용자에게 웹(Web)을 제공하기 위한 서버로, 웹에서 사용자가 서비스를 요청하는 경우 네트워크를 통해 HTML로 구성된 웹페이지를 제공 (두산백과 사전)
28) WAS(Web Application Server) : 클라이언트/서버 환경에서 트랜잭션 처리 및 관리와 애플리케이션 실행 환경을 제공하는 미들웨어 소프트웨어 서버 (두산백과 사전)

○ 장비 규격

- Web Server
  • CPU : Intel 6 core 1.7GHz * 1 이상
  • RAM : 32GB (8GB * 4EA)
  • HDD : 1.2TB (600GB * 2EA) 이상
- WAS Server
  • CPU : Intel 6 core 1.7GHz * 1 이상
  • RAM : 96GB (8GB * 12EA)
  • HDD : 6.4TB (800GB * 8EA) 이상
- DB Server
  • CPU : Intel 10 core 2.2GHz * 2 이상
  • RAM : 64GB (16GB * 4EA)
  • HDD : 3.2TB 이상 (1.6TB * 2EA) 이상
- GIS Server
  • CPU : Intel 6 core 1.7GHz * 2 이상
  • RAM : 96GB (8GB * 12EA)
  • HDD : 6.4TB (800GB * 8EA) 이상
- Searcher / Indexer / Forwarder
  • CPU : Intel 6 core 2.1GHz * 2 이상
  • RAM : 64GHz (16GB * 4EA)
  • HDD : 4TB 이상
- 분배 Server
  • CPU : Intel 10 core 2.2GHz * 2 이상
  • RAM : 64GB (16GB * 4EA)
  • HDD : 3.2TB 이상 (1.6TB * 2EA) 이상
- 스토리지
  • Userable 100TB 이상
- L4 Switch
  • Server Load Balancing

○ 적용 SW 규격

- OS : Red Hat Enterprise Linux Server
- Web Server : Red Hat JBoss Web Server
- WAS : Red Hat JBoss Enterprise Application Platform
- GIS : GeoServer
- DBMS : Tibero Enterprise

- Virus Program : V3 Net For Linux
- 한글/중국어 형태소 분석기
- BigData Platform : Splink Enterprise
- Reporting Tool
- SSO (Single Sign-On)[29]

3. 빅데이터 플랫폼 개발 구성요소

1) 빅데이터 플랫폼 개발 구성(안)

[그림 5-4] 어업지도 효율화모델 개발을 위한 빅데이터 플랫폼 개발 구성(안)

2) 빅데이터 플랫폼 개발 내용

(1) 빅데이터 연계·수집 서비스

○ 어업지도 효율화모델 개발을 위한 빅데이터 플랫폼은 조업현황 및 어업감시 관련 정보, 수산정책지원 관련 정보, 자원관련 정보, 기상청 등 관련 외부기관 정보 등 조업환경 및 어업활동·관리와 관련된 기관 데이터 수집·연계가 필요함

---

29) SSO (Single Sign On) : 가장 기본적인 인증 시스템으로 '모든 인증을 하나의 시스템에서'라는 목적 하에 개발된 것 (정보 보안 개론 : 한 권으로 배우는 보안 이론의 모든 것, 양대일, 한빛아카데미(주))

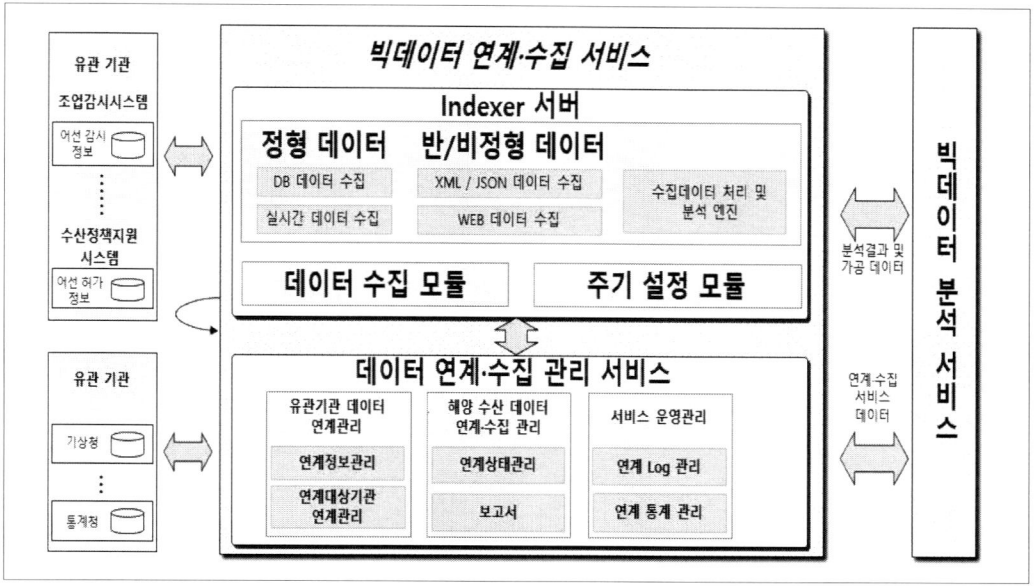

[그림 5-5] 어업지도 효율화모델 개발을 위한 빅데이터 연계·수집 서비스 개념

o 빅데이터 연계·수집 서비스는 유관기관의 정보를 연계 수집하는 서비스

- 연계 수집 방법은 연계 항목, 시스템 접근 방식에 따라 여러 가지 형태로 데이터를 연계함

o 연계 방법 및 연계

- 연계 방법은 크게 기관의 시스템간의 직접 데이터를 송수신하는 방법과 행정정보공동이용센터의 정보유통서비스를 통해 데이터를 수집하는 방법이 있음
- 시스템 간의 DB to DB, JSON형태 웹 서비스 방식, API 등 주요 기능
- 연계기관 관리 : 연계할 대상의 기관의 담당자, 연락처 등 기본정보를 관리함
- 연계정보 관리 : 연계 대상 항목 정보를 관리함(파일명, 파일 형태 등)
- 연계 상태 관리 : 현재 연계가 잘 수행되었는지에 대한 상태를 확인함
- 연계 log 관리 : 수집한 항목의 한 개 데이터에 대해 수집 시기를 기록한 Log 를 관리함
- 연계 통계 관리 : 수집한 기관·항목에 대해 일·주·월별로 통계 항목을 만듦
- 보고서 : 해당 통계를 보고서 형태로 만들어 줌

o 연계·수집 서비스 예시화면

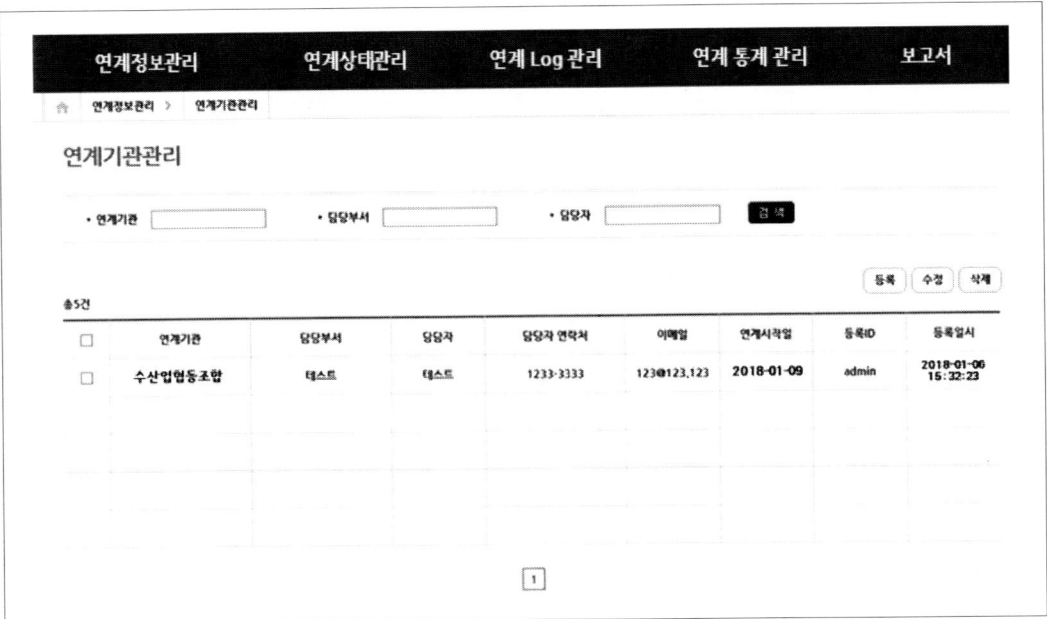

[그림 5-6] 빅데이터 연계·수집 서비스 예시 화면 - 연계기관 관리

○ 유관기관의 데이터 보유 현황
- 빅데이터 분석에 활용 가능한 데이터의 파악을 위해 주요 기관별 보유 데이터 현황을 정리함
- 국립수산과학원은 해어황, 수온, 적조, 패류독소, 방사능, 해파리, 이상해황 등 해역별 어장환경에 대한 데이터와 실시간 관측 정보 및 위성 정보를 제공하고 있음
- 또한, 수산동식물의 생물종에 대한 정보 및 「수산자원관리법」과 「내수면어업법」에 의거한 어종별 포획·채취 금지 기간, 수역, 체장 등 포획금지 관련 정보를 안내하고 있음
- 동해어업관리단은 대상 어종별 체포금지 기간 및 체장과 대상 해역에 대한 정보를 제공하고 있으며, 홍보브로슈어를 통해 각 어업관리단의 관할 해역과 어업지도선 보유 현황을 안내하고 있음
- 어업지도선 현황 자료를 통해서는 동해어업관리단이 보유중인 어업지도선의 어선 등록 정보와 주요 업무 추진계획을 안내하고 있음
- 서해어업관리단은 어업지도선별 출동 해역과 일자 등의 출동현황 정보와 사건처리 신호등 자료를 제공하고 있으며, 사건처리 신호등은 접수된 사건을 적·녹·청으로 구분하여 사건의 행정처리 현황을 안내하고 각 사건별 위반사항 및 단속 지역 정보를 제공함

- 수협은 시도별, 업종별, 해역별 출어선 현황과 한·중, 한·일, 한·러 간 EEZ 입출역 내역 및 일본·중국 EEZ 내에서의 불법조업으로 인한 우리어선 피랍현황 등 EEZ 동향 정보를 제공하며, 어업통신 이용건수 자료를 제공하고 있음
- 또한 수협은 연근해조업정보지를 통해 근해채낚기, 근해연승, 근해안강망, 근해자망, 연안복합, 연안통발 업종의 조업정보를 제공하고 있으며 해당 정보는 해어황 정보와 해양환경 정보, 중국어선의 조업 동향, 월별 포획채취 금지 자원 정보, 어업별 예상 어장, 어선 밀집동향 등의 자료를 포함하고 있음
- 수산경제연구원은 어업경영조사보고를 발간하여 주요 어업별 어선세력 및 조업정보와 어가별 경영실태 정보 등을 제공하고 있음
- 한국수산자원관리공단은 TAC의 관리대상 어종과 소진현황, 수산자원조사원 배치현황 등 TAC의 현황에 대한 정보와 방류 수산종자의 관리에 대한 정보를 제공하고 있으며, 연안어업실태조사, 근해어업실태조사를 시행하여 보고서를 발간하고 있음
- 통계청은 어업생산동향조사, 농림어업조사, 농림어업총조사를 통해 각 어업의 생상현황과 어가별 현황 등의 정보를 제공하고 있음
- 해양경찰청은 중국어선의 단속건수 자료를 제공하고 있음
- 해양수산부는 어선 톤급별 조업실적, 한·중·일 EEZ 조업 관련 정보, 위판실적, 어종별 TAC 설정량, 선적지별 어선 출입항 정보, 유종별 면세유 공급정보, VMS 통계, 지리정보데이터, 출어선 현황 등 조업 및 어선관련 정보를 제공하고 있음
- 경기도청은 경기도내 불법어업의 단속실적과 허가 및 신고어업의 현황, 어선 현황등의 정보를 제공하고 있으며, 그밖에 제주도청, 전라남도청 등은 해당 지역의 불법어업 단속 현황 정보를 제공하고 있음

<표 5-1> 기관별 데이터 보유현황

기관명	자료명	내역
국립수산과학원	해어황예보	동·서·남해 해어황정보 및 연근해 수온 현황 및 전망
	수온·위성영상	해역별 수온정보 및 수온 분포별 위성 영상
	적조속보	적조 발생 관련 정보 및 전망
	패류독소정보	지역별 마비성 패류독소 발생 현황과 전망
	방사능모니터링	조사 대상 수산물의 방사능 물질 검출 현황
	해파리모니터링	해파리 출현 정보 및 분포 현황
	이상해황	고수온, 냉수대등 이상 해황 정보 및 전망

기관명	자료명	내역
	실시간해양환경어장 정보시스템	관측소별 수온, 염분, 적조 등 실시간 관측 현황
	어장환경모니터링	해수면, 내수면 어장 환경 모니터
	생물종정보	수산동식물 생물종 정보
	위성해양정보	위성명, 관측일시, 영상종류, 영상이미지명, 위성영상이미지 파일등 위성해양정보
	포획금지안내	수산자원관리법 시행령, 내수면어업법 시행령에 따른 어종별 포획금지정보
	포획금지생물종	수산자원관리법, 내수면어업법에 따른 포획금지 어종 정보
	연안정지관측자료	해역별 수온, 기온, 운량, 천기 등 관측자료
	실시간 해양환경 어장정보 관측자료	관측소별 실시간 해양환경 관측자료
동해어업관리단	기간/체장별금지어종	기간, 체장에 따른 체포 금지 어종정보
	홍보브로슈어	관할해역·어항 및 어업지도선 보유척수
	어업지도선 현황	어업지도선의 어선정보 및 주요 업무 내역
서해어업관리단	국가어업지도선 월별 출동현황	지도선별 출동 해역 및 출동 일정
	사건처리 신호등	단속 현황 및 사건 처리 상황 안내
수협	어선조업상황	교신·회원 가입어선 현황 및 출어선 현황
	EZZ 동향	한국·중국·일본·러시아 EEZ 입출역 내역 및 허가 변경 현황
	피랍현황	일본·중국 EEZ 조업 우리어선 피랍현황
	어업통신취급실적	활용 종류별 어업통신 이용 현황
	연근해조업정보지	월별 근해채낚기, 근해연승, 근해안강망, 근해자망, 연안복합, 연안통발 업종 조업정보제공
수산경제연구원	어업경영조사보고	어업별 현황 및 경영실태
한국수산자원 관리공단	TAC 소개	연도별 TAC 대상 업종별 어종 및 수산자원조사원 배치현황
	TAC 어종별 소진현황	대상 어종별 TAC 설정량 및 소진율
	방류 수산종자관리	수산종자 정보 및 종자 방류 현황
	연안어업실태조사	자료 비공개(2013~2016년)
	근해어업실태조사	자료 비공개(2013~2016년)

기관명	자료명	내역
통계청	어업생산동향조사	어업·행정구역·판매형태별 어업 생산현황
	농림어업조사	경영 형태, 규모, 인구 구성 등 어가 현황
	농림어업총조사	어가 현황 정보
해양경찰청	중국어선단속 현황	2007~2016 단속건수
해양수산부	조업실적	2010~2012 어선 톤급별 조업실적
	EEZ 정보	업종별 일본, 중국 EEZ 조업 현황
	EEZ 조업정보	한·중·일 EEZ 입어 허가척수 및 할당량 현황
	EEZ 협정수역도	한·중·일 EEZ 조업 가능 및 금지 수역 정보
	위판실적정보	어업별 위판량 정보(2015~2017)
	TAC정보	대상 어종별 총 허용 어획량(2015~2017)
	출입항정보	선적지별 어선 출입항 건수(2015~2017)
	면세유류정보	유종별 공급정보(2012)
	VMS 통계	VMS 통계 및 수신현황
	지리정보데이터	해안현황도/해안관리도/연안육역 등 지리정보데이터
	선적지별 월별 출어선 현황	선적지별 월별 출어선 척수
	출어선 현황	톤급별 지역별 출어선 현황
	등록어선통계	등록어선의 지역·업종·톤급·선령별 어선세력 정보
	지도기반 통계	선박 출입항 현황 및 어업생산동향
경기도청	불법어업 단속실적	2013, 2015, 2016.12 불법어업 단속실적
	허가 및 신고어업 현황	경기도내 허가 및 신고어업 건수(2013~2016)
	어선현황	경기도내 어선척수 및 톤수(2013~2016)
제주도청	불법어업 단속실적	1995~2015 불법어업 단속건수
전라남도청	전국 기관별 해면 불법어업 단속 현황	2001~2009 지역별 불법어업 단속건수
	불법어업 단속실적	불법어업 단속 현황

자료 : 각 기관별 홈페이지

o 비정형 데이터 수집

- 수집 항목 : 어업, 수산물, 무역, 어업관련 법·제도 등의 뉴스 및 이슈
- 수집 Source : 포털 뉴스 등
  • 예) 다음카카오(국내 포털), 신문사, 방송사 뉴스, 바이두(중국 포털) 수집
- 수집 방법 : 사이트의 30)RSS 뉴스 서비스를 통해 데이터를 수집

(2) 빅데이터 관리 서비스

o 빅데이터 플랫폼 내의 사용자 및 서비스를 관리하기 위한 운영 관리 서비스

o 플랫폼 기본 관리
- 사용자 계정 관리 : 사용자의 기본정보와 계정을 관리함
- 권한 관리 : 플랫폼 내의 Application 접근 권한을 관리함
- 접근 관리 : 플랫폼에 접속한 이력을 관리함

o 플랫폼 자원 관리
- 데이터 저장 공간 관리
  • 데이터 마트(DM) 생성, 삭제 기능
  • 원본/분석데이터 저장 공간(원본/분석 DM) 및 상태를 확인하여 관리자에게 현황 알람 메시지 제공
- 하드웨어 시스템 상태 관리
  • 각 서버의 CPU, RAM, HDD의 현재 상태를 통합적으로 모니터링함
  • 플랫폼 내에서 하드웨어의 CPU, RAM, HDD 상태를 모니터링하여 관리자에게 현황 또는 보고서, 알람 메시지 제공
- Application 상태 관리
  • 플랫폼 내에서 운영하는 Appliction 상태에 대한 모니터링 수행 (전처리 수행 Application에서 데이터 오류 Log 및 이상 여부를 관리자에게 제공)
- 상태 관리 보고서
  • 일/월/주 별 요약하여 보고서 형태로 생성

---

30) RSS (Rich Site Summary or RDF Site Summary or Really Simple Syndication) : 웹 사이트 간에 자료를 교환하거나 배급하기 위한 포맷

○ 관리 서비스 예시화면

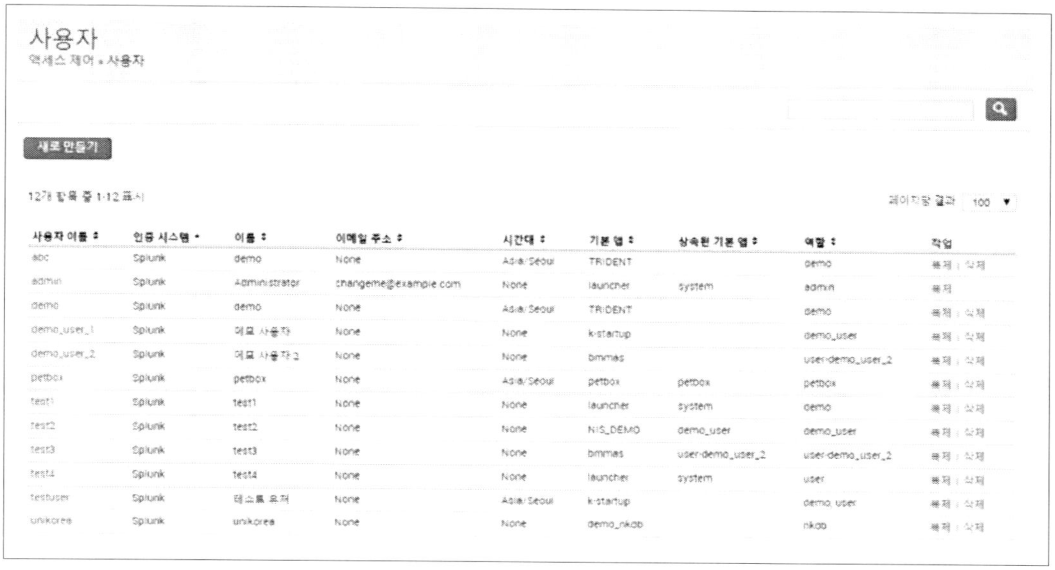

사용자
엑세스 제어 » 사용자

새로 만들기

12개 항목 중 1-12 표시

페이지당 결과 100

사용자 이름	인증 시스템	이름	이메일 주소	시간대	기본 앱	상속된 기본 앱	역할	작업
abc	Splunk	demo	None	Asia/Seoul	TRIDENT		demo	복제 | 삭제
admin	Splunk	Administrator	changeme@example.com	None	launcher	system	admin	복제
demo	Splunk	demo	None	Asia/Seoul	TRIDENT		demo	복제 | 삭제
demo_user_1	Splunk	데모 사용자	None	None	k-startup		demo_user	복제 | 삭제
demo_user_2	Splunk	데모 사용자 2	None	None	bmmas		user-demo_user_2	복제 | 삭제
petbox	Splunk	petbox	None	Asia/Seoul	petbox	petbox	petbox	복제 | 삭제
test1	Splunk	test1	None	None	launcher	system	demo	복제 | 삭제
test2	Splunk	test2	None	None	NIS_DEMO	demo_user	demo_user	복제 | 삭제
test3	Splunk	test3	None	None	bmmas	user-demo_user_2	user-demo_user_2	복제 | 삭제
test4	Splunk	test4	None	None	launcher	system	user	복제 | 삭제
testuser	Splunk	테스트 유저	None	Asia/Seoul	k-startup		demo, user	복제 | 삭제
unikorea	Splunk	unikorea	None	None	demo_nkdb		nkdb	복제 | 삭제

〔그림 5-7〕 빅데이터 플랫폼 관리 서비스 예시 화면 - 사용자 관리

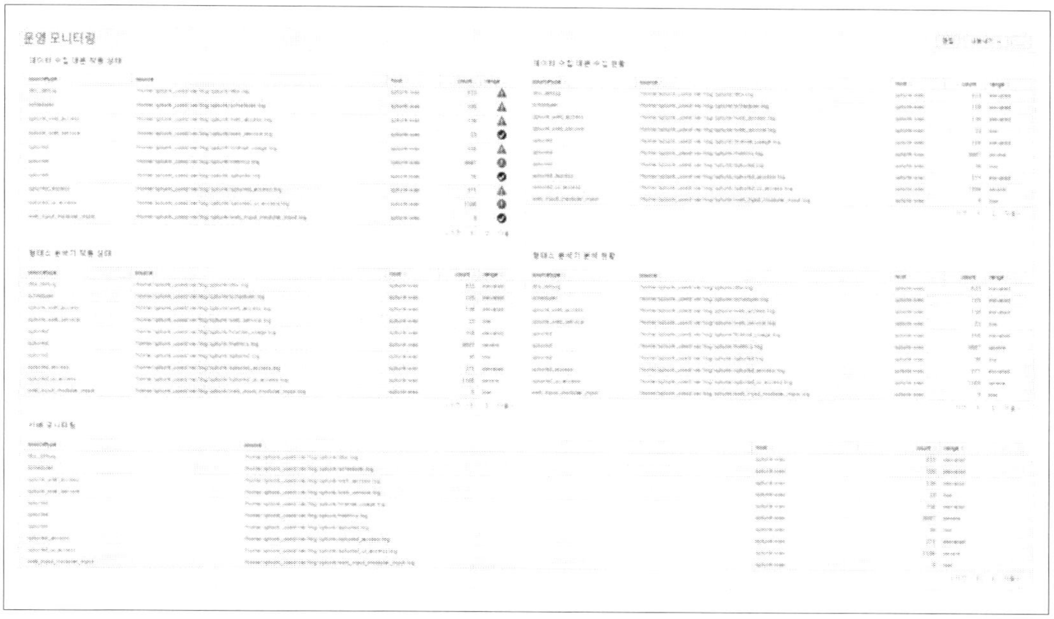

〔그림 5-8〕 빅데이터 플랫폼 관리 서비스 예시 화면 - 운영모니터링 화면

(3) 예측 · 분석 서비스

① 서비스 영역

○ 예측·분석 서비스는 빅데이터 관련 비즈니스 요구에 따라 유연하게 대응하기 위해 Real-time 분석, 분산처리 기반 분석, 사용자 주도 분석 영역으로 구분

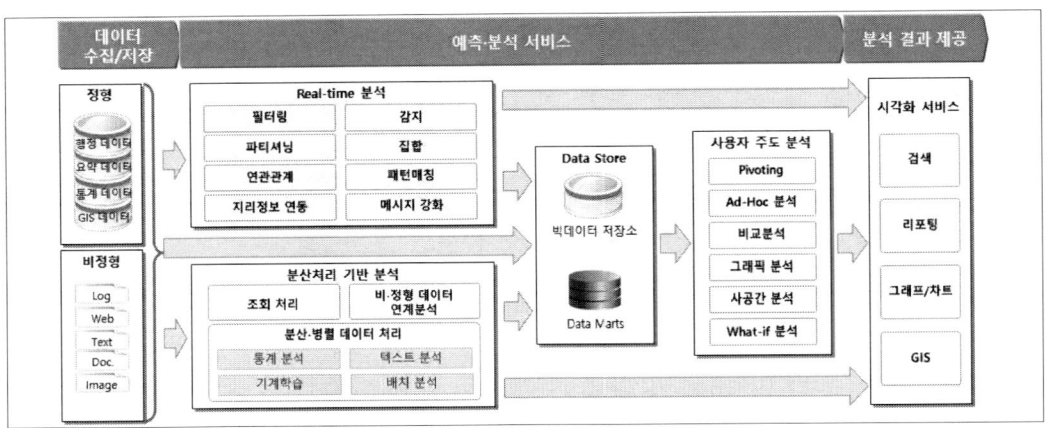

[그림 5-9] 어업지도 효율화모델 개발을 위한 예측 · 분석 서비스 개념

- Real-time 분석 : IoT[31])데이터, GPS[32])데이터, 상태 데이터 등 짧은 시간 동안 지속적으로 수집한 정보를 실시간으로 분석·처리 후 설정치 오버 알람[33]) 등으로 시각화하여 결과를 보여주는 분석 서비스

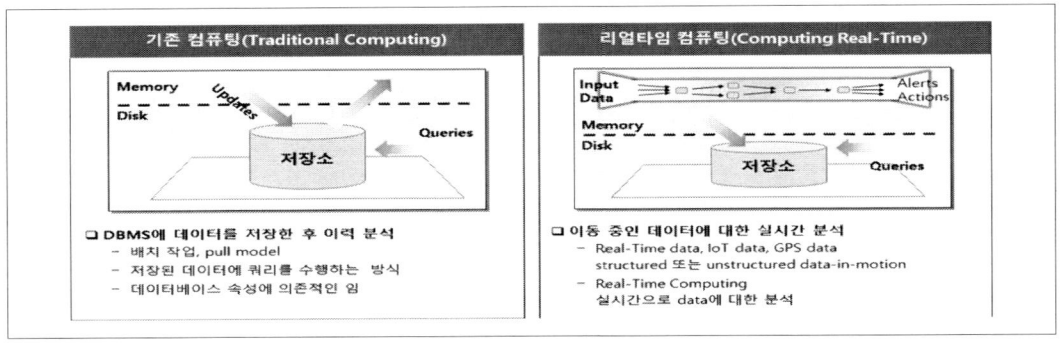

[그림 5-10] Real-time 서비스

---

31) IoT(Internet Of Things) : 인간과 사물, 서비스 세 가지 분산된 환경 요소에 대해 인간의 명시적 개입 없이 상호 협력적으로 센싱, 네트워킹, 정보 처리 등 지능적 관계를 형성하는 사물 공간 연결망
32) GPS(Global Positioning System)는 GPS 위성에서 보내는 신호를 수신해 사용자의 현재 위치를 계산하는 위성항법 시스템, GPS 데이터는 NMEA-0183 규격을 사용 (NMEA (National Marine Electronics Association) -해양 기자재들 간의 통신을 위한 전기적 인터페이스 및 데이터 프로토콜
33) 미리 정해놓은 범위를 벗어났을 때 알려주는 행위 (방법으로 문자 메시지, 메일, 경광등 등)

- 분산처리 기반 분석 : 데이터를 분산하여 연산하고 저장·관리하는 서비스
  - 연산 속도를 높이는 병렬연산34)처리, 대용량 분산 파일 시스템35)의 다중화 등의 All-in-One 기반의 서비스
  - 일정 시간(일, 주, 월 등)단위로 데이터 처리 결과를 통계 분석함
  - 일정시간 간격으로 알고리즘을 통해 모델을 생성하도록 함

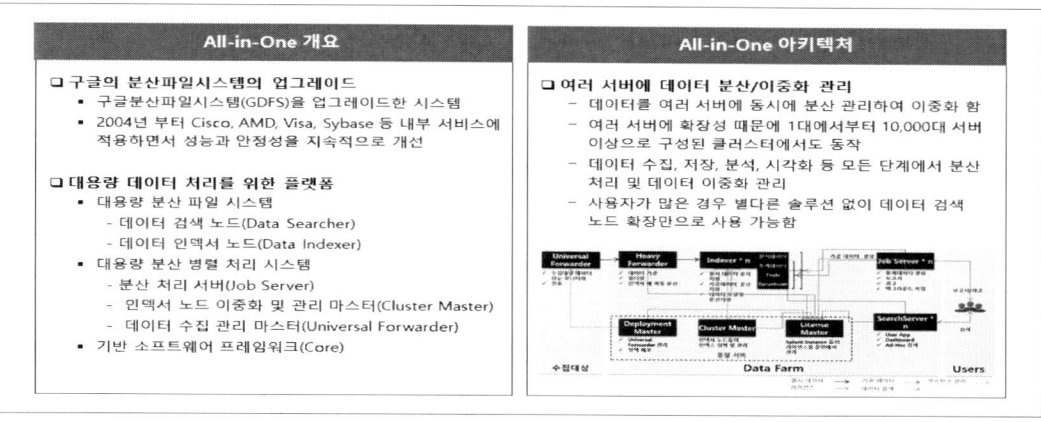

〔그림 5-11〕 분산처리 분석 서비스

- 사용자 주도 분석 : 피벗, 그래프 분석 등 사용자 결정에 따라 사용자 맞춤형 Charting, Reporting 등을 수행하는 서비스
  - 가장 많이 사용하는 피벗(Pivot)은 사용자가 원본데이터를 변경(예 : x축/y축 데이터 변경) 하여 분석하는 방법

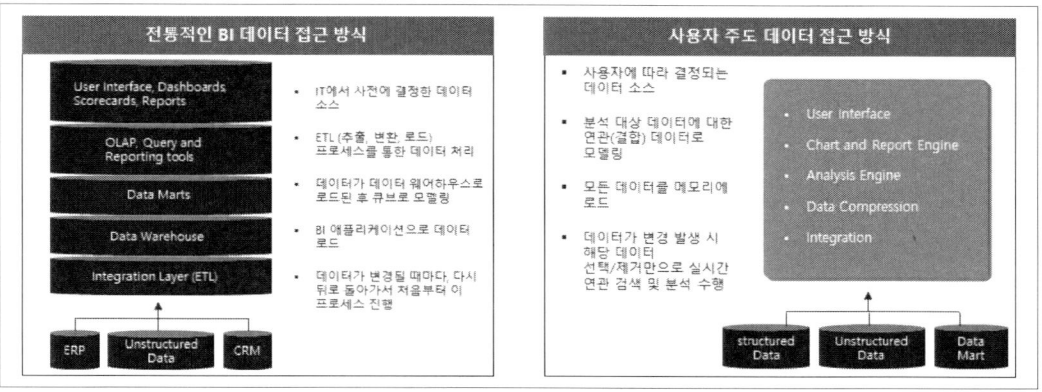

〔그림 5-12〕 사용자 주도 분석

---

34) 두 대 이상의 기구에서 동시에 복수의 연산을 하는 처리 형태. (TTA 용어 사전)
35) 클라이언트가 서버상에 저장된 데이터를 마치 자신에게 저장되어 있는 것처럼 사용할 수 있도록 수많은 서버에 데이터를 저장하고 관리하는 기술(TTA 용어 사전)

○ 이를 바탕으로, 연근해 조업 관련 자료와 선박의 관제정보 등을 통해 불법어업 예측 모델을 구성함

- 불법어업 예측= f 단속실적, 수산자원 상태, 날씨, 수산물 소비, 해황 등

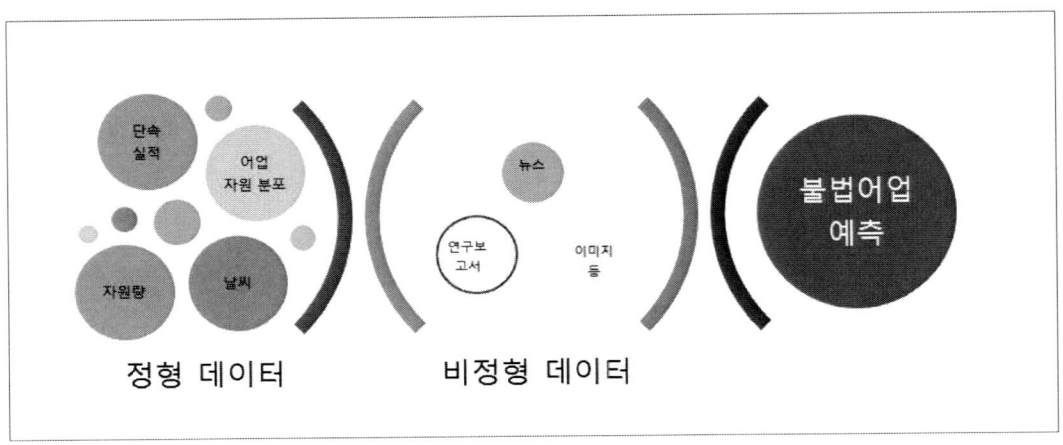

[그림 5-13] 불법어업 예측 모형 개발

② 시각화

○ 사용자가 데이터를 쉽고 다양하게 Dashboard로 구현할 수 있도록 일반적이고 표준화된 명령어/메뉴/툴바/설정을 제공함

○ 웹 브라우저를 통한 AJAX [36]환경 등을 구현함
 - 사용자에게 친숙한 툴 환경 및 빠른 개발을 위한 단순한 명령어 제공
 - 다양한 뷰(웹, 모바일 등) 환경에서 일관성 있는 UI 제공
 - 다양한 Rich web client 환경 제공
 - 사용자 중심의 사용하기 쉬운 내장된 시각화 도구를 제공
 - 외부 시각화 도구와 연계 방법 제공

---

36) AJAX(Asynchronous JavaScript and XML) : 비동기적 웹 애플리케이션의 제작을 위한 웹 개발기법
 - 비동기적(Asynchronous) : 어떤 작업을 요청할 때 그 작업이 종료되기까지 기다리지 않고 다른 작업을 하고 있다가, 요청했던 작업이 종료되면 그에 대한 추가 작업을 수행하는 방식

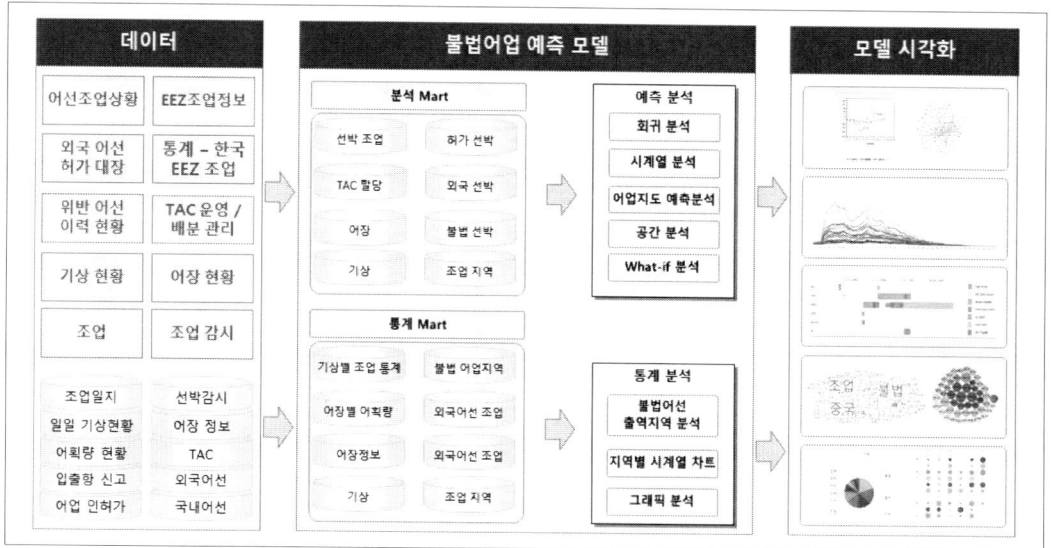

〔그림 5-14〕 어업지도 효율화모델 개발 시 분석·예측 서비스 적용(예)

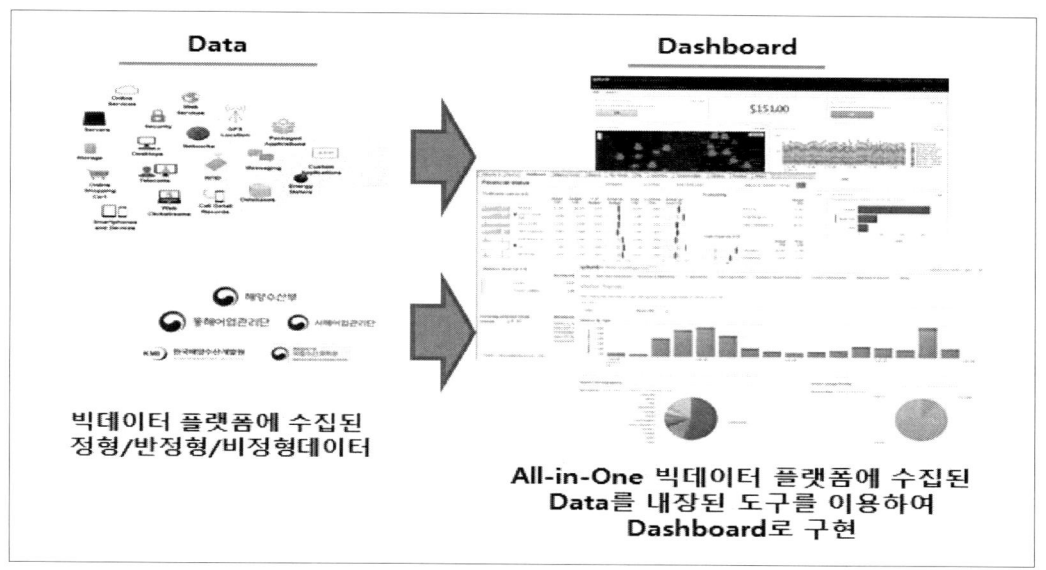

〔그림 5-15〕 빅데이터 분석 수행 후 사용자에게 제공되는 대쉬보드 구성(안)

○ 시각화 서비스는 분석 결과를 GIS 영역 표시(격자 - 일정 사각형 형태), 색상 표시 혹은 해역 내의 그래프 형태로 표시하여 사용자가 해당 지점에 대한 불법어업 발생 가능성을 빠르게 인지하도록 보여줌

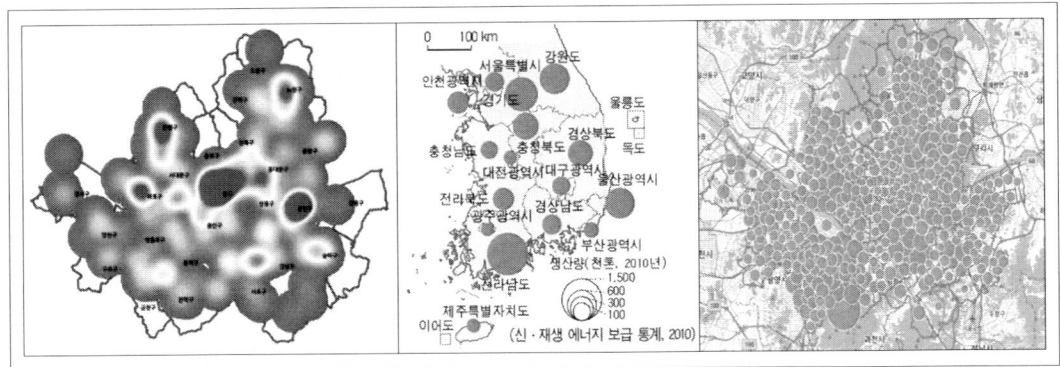

[그림 5-16] GIS 그래프 표시(예)

○ 분석 결과를 다양한 형태의 그래프로 시각화하여 사용자에게 제공함

③ GIS 구성

○ GIS는 Open SW 자원을 활용하여 적용
 - Web Map Service, Open Geospatial Consortium(OGC)[37]을 지원하는 GeoServer 적용
 - 기초 GIS 데이터 (레이어 및 속성 정보) 개발 구축
 - 기본 전자지도는 개방海[38]의 기본도를 사용하며, 기존 해수부 및 유관 기관에서 사용하는 지도를 사용함

○ 어업지도 담당자에게 분석 및 현황 자료를 전자지도 및 해도로 보여주게 되며, 그에 따른 시스템이 개발되어야 함
 - NLL, 조업금지구역선, EEZ 등 특정 지역의 레이어를 개발·구축
 - 레이어 구축 시 기존에 GIS에서 사용되는 좌표계를 사용하여 구축

○ 국립해양조사원에서 제공하는 '개방海' 기본도의 OpenAPI 서비스 연계
 - '개방海' 홈페이지에서 사용자정보, 사용유형, 사용목적, 사용구분, 서비스URL, 사용자 정보 등을 기입하여 OpenAPI 발급 요청 및 키 발급
 - 요청한 URL에 대한 소스 확인 및 OpenAPI제공 목록을 확인하여 GIS 화면에 적용

○ GIS 화면 구성은 지도 레이어, 검색, 지도화면 제어, 지도 화면으로 나눔
 ㉮ 레이어를 선택하면 ㉯에서 선택한 내역이 지도화면(㉰)에 표출되어짐

---

37) 지리 공간 정보 데이터의 호환성과 기술 표준을 연구하고 제정하는 비영리 민관 참여 국제 기구 (http://www.opengeospatial.org/), 정보통신용어사전
38) 해양수산부 국립해양조사원의 온라인 바다지도 서비스로 70가지 공간정보 제공

㉮ 검색을 선택하면 ㉴와 같이 검색조건이 나오며 검색을 원하는 항목을 선택하면 지도화면에 표출되어짐
㉯ 는 지도 화면의 확대, 축소, 거리재기 등 지도화면을 제어하는 기능임

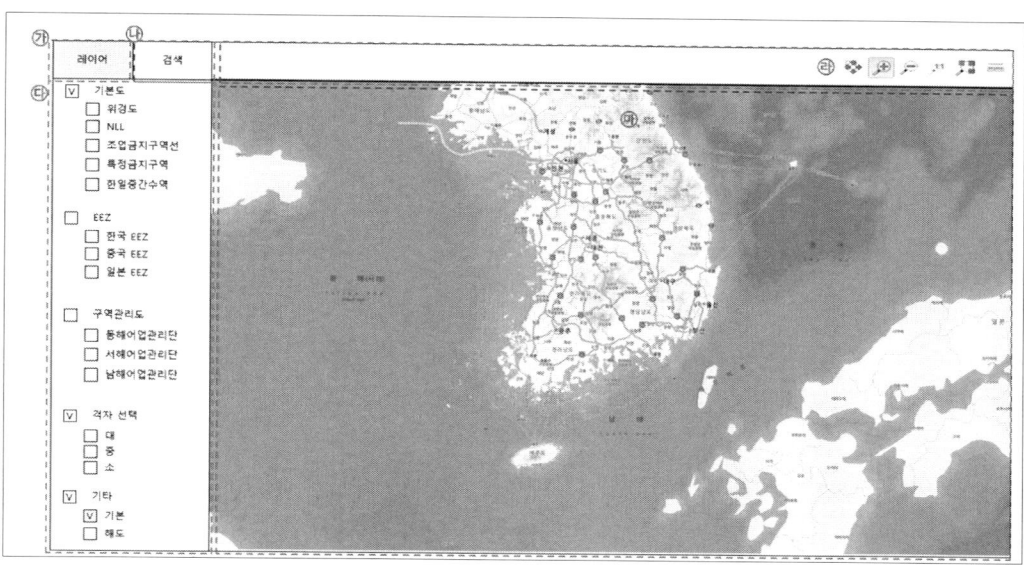

〔그림 5-17〕 어업지도 효율화모델 전자지도 화면 구성(안)

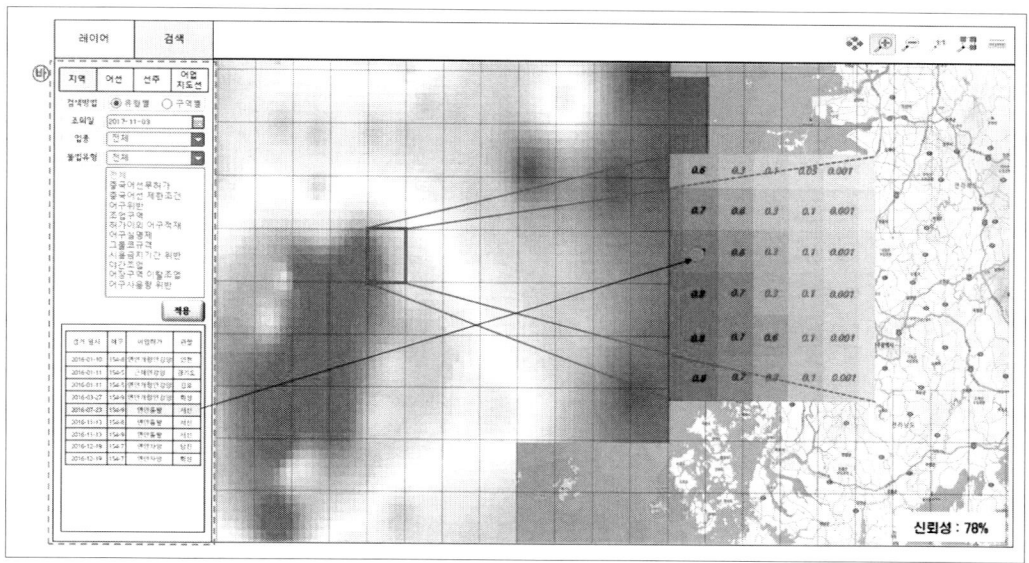

〔그림 5-18〕 어업지도 효율화모델 전자지도 화면 구성(안)

○ GIS 레이어 중 격자 선택 시 표출되는 전자지도 화면

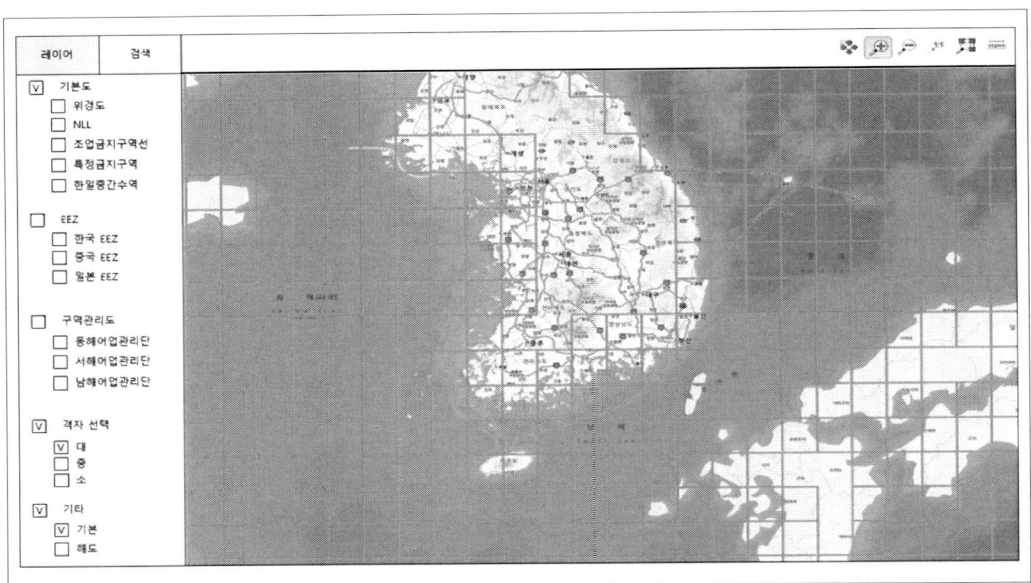

[그림 5-19] 전자지도 모델을 적용할 전자지도 격자(대) 화면 구성(안)

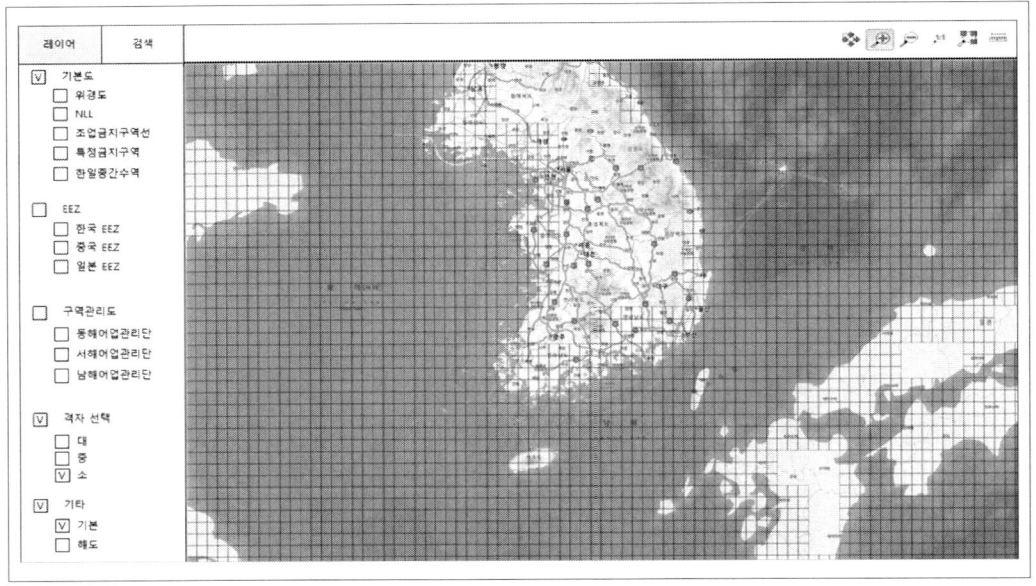

[그림 5-20] 전자지도 모델을 적용할 전자지도 격자(소) 화면 구성(안)

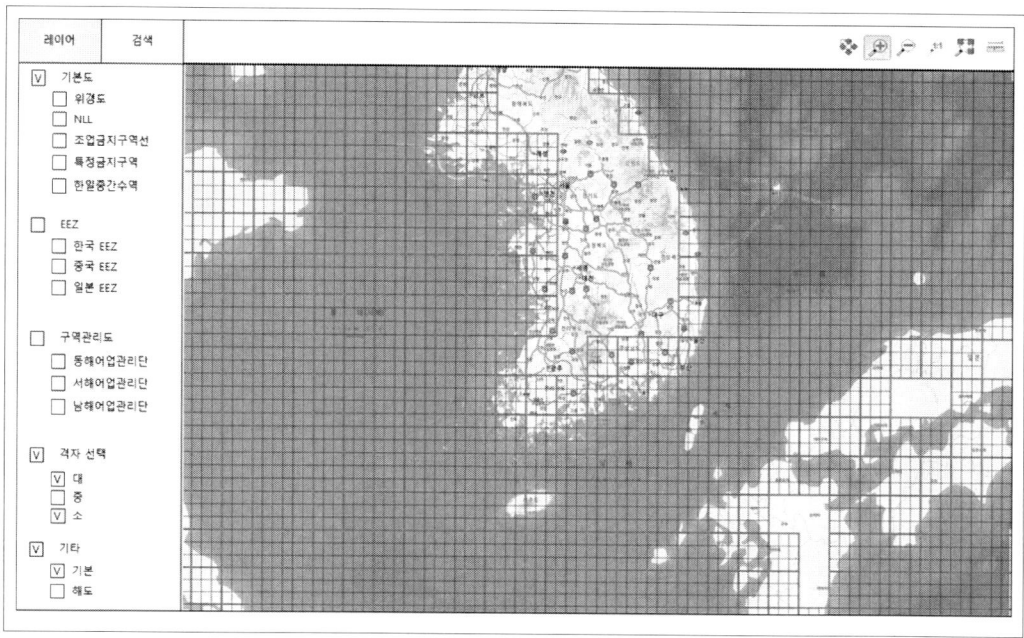

〔그림 5-21〕 전자지도 모델을 적용할 전자지도 격자 화면 구성(안)

④ 어업지역의 어업유형별 예측 및 분석

○ 인근반복모형(near repeat model)은 반복적 불법어업의 패턴을 바탕으로 발생 가능성을 예측함
   - 불법어업을 저질렀던 대상은 경험적으로 해당 해역에 대해 반복적으로 불법어업을 저지를 가능성이 있음
   - 인근반복모형의 장점은 불법어업의 장소적 반복성 외에 시간적 반복성을 추가적으로 접근할 수 있다는 것임

○ 특정 해역에 존재하는 발생가능인자(어장, 수온, 기상 정보 등)가 복합적으로 작용하여 불법어업이 발생한다고 가정함
   - 위험영역모형은 불법어업 발생 가능성을 높이는 발생가능인자를 GIS의 레이어 형태로 만들어 중첩하여 공간 연산으로 발생가능지수를 산출함

○ 인근반복모형과 위험영역모형을 결합하여 격자별로 시기적으로 발생가능지수를 산출
   - 발생가능지수는 각 불법유형별로 구분하여 산출함
   - 발생가능지수에 대한 신뢰도를 제시함

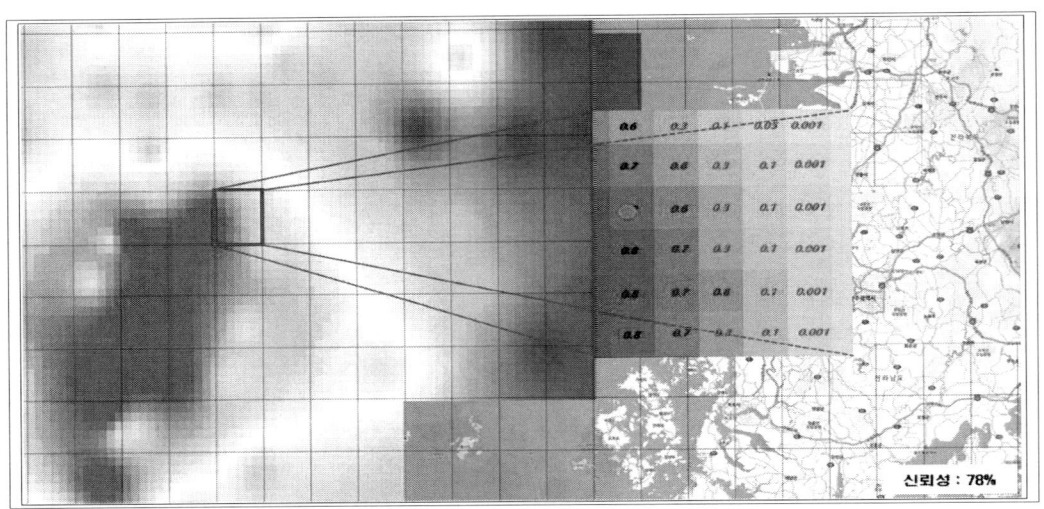

[그림 5-22] GIS 상 격자 발생가능지수 표출(안)

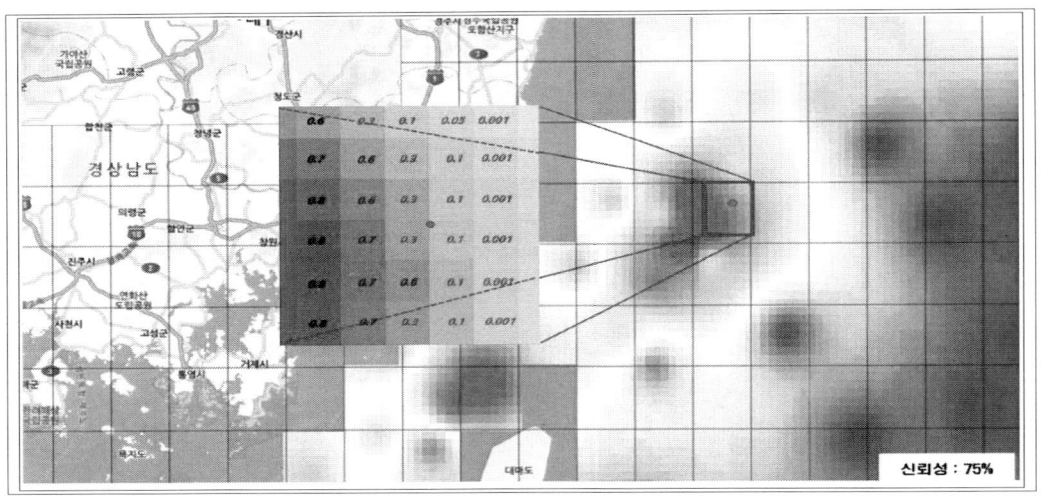

[그림 5-23] GIS 상 격자 발생가능지수 표출(안)

○ 인근반복이론(near repeat Theory)과 위험영역모형(Risk Terrain Modeling)은 미국의 NIJ (National Institute of Justice)에서 사용되었던 원천 이론으로 다음과 같은 내용을 포함함
  - 특정 지역의 주택침입은 거의 반복적으로 발생하는 현상이 보였음
  - 강도 사건을 전염성이 있는 것으로 판단하였으며, Near Repeat Theory을 적용하여 미래의 강도 사건의 예측하는데 유용한 패턴을 제시하여, 강도 사건의 약 15%를 예측하고 차단할 수 있다고 주장함

- Risk Terrain Modeling은 과거에 발생한 범죄 현장의 사회적, 물리적, 행동적 요인의 상호작용 기능을 GIS에서 결합
    - 이를 지역의 위험 요소와 결합하여 복합지도를 생성하고 특정 범죄 결과와 관련된 모든 요인을 합성한 위험 값을 도출하여 GIS 상에 표출함
○ 불법어업 발생 예측에 두 이론(Near Repeat Theory, Risk Terrain Modeling)을 적용할시 다음과 같은 변수 혹은 데이터를 사용함
    - 불법어업의 단속 실적 정보
    - 어선 정보, 어선 출항/입항 정보, 어선의 AIS, VMS, V-Pass의 위치 정보
    - 어장 정보, 기상 정보, 수역 정보, 금지구역 정보 등

⑤ 어업지도 예측결과 시각화

○ 어업지도 예측 결과는 연근해를 격자 단위로 나누어 각 해역에 대한 예측 결과를 보여주며, 해당 해역의 단속 실적 등을 보여줌
    - 해역의 불법어업 발생 예측 결과는 색상에 따라 구분함
        • 아래의 범례와 같이 예측 발생 가능성을 색상으로 표시함
        [범례 ▇▇▇▇▇▇▇▇▇▇]
    - 표출은 발생가능 예측치 형태로 표현되며, 수치는 별도로 표시
        • 예) 발생가능 예측치 범위는 0 ~ 1으로 표시
○ 어업지도 효율화 개발 Application 구성은 4가지 형태로 이루어짐
    - 지역 : 해당 수역을 기준으로 불법어업 발생 예측과 불법 단속 실적을 보여줌
        • 유형별 대상별로 구분하여 검색 수행
    - 어선 : 검색일 기준으로 출항한 어선 중 단속된 적이 있는 어선에 대해 위치를 검색 (입항할 경우는 검색 불가)
    - 선주 : 검색일 기준으로 업종 및 불법유형별로 검색하면 선주목록이 나타나며, 단속 선박 및 선주가 보유한 선박이 동시에 보여줌
    - 어업지도선 : 검색기간 중 어업지도선의 위치를 보여줌
        • 지도선별 : 검색일 기준으로 한 어업지도선의 항적 표시
        • 해역별 : 관리해역별 기준으로 어업지도선의 항적 표시
○ 지역으로 검색(유형별 검색)
    - 검색일 기준으로 업종 및 불법어업 유형별 검색된 선박에 대한 위치 및 해당 지역의 불법어업 발생 예측 정보를 보여줌
    - 검색일 기준으로 불법유형별 격자별 불법어업 발생 예측치를 표출함

- 예시 화면은 검색일 당일 불법어업 발생 예측치를 색상으로 표시하였으며, 색상별로 결과를 수치화하여 표시하였음
- 조회 지역의 단속 실적 및 단속된 선박의 단속 지점을 표시하여 보여줌

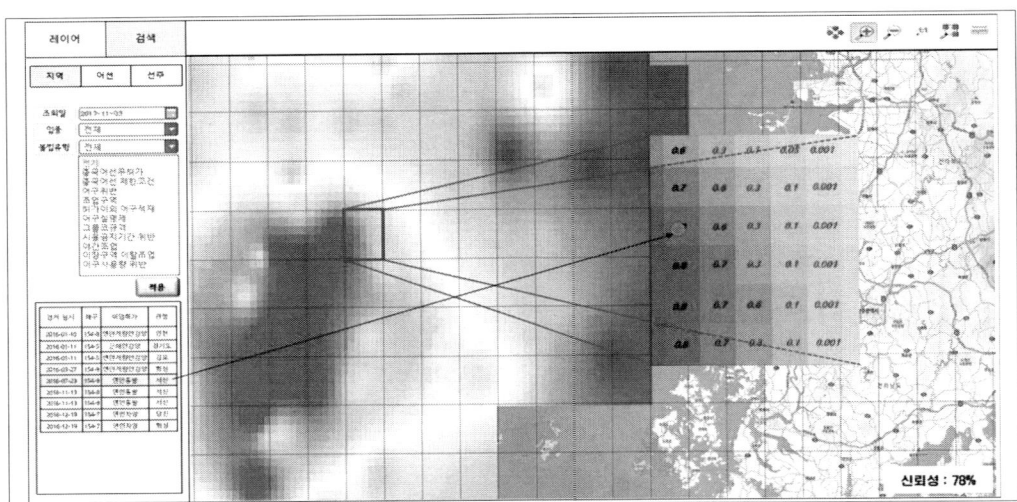

[그림 5-24] 어업지도 예측분석 수행 후 사용자에게 제공되는 전자지도(안)

- 위 예시 화면에서 불법어업 어선의 위치 현황을 선택
  - 검색 기간 내에 해당 어선의 수집한 위치를 보여줌
  - 각 어선의 위치는 VMS 등에서 수집되거나, 불법어업 단속된 지점이며, 각 위치는 일자/시간별로 순서적으로 보여줌

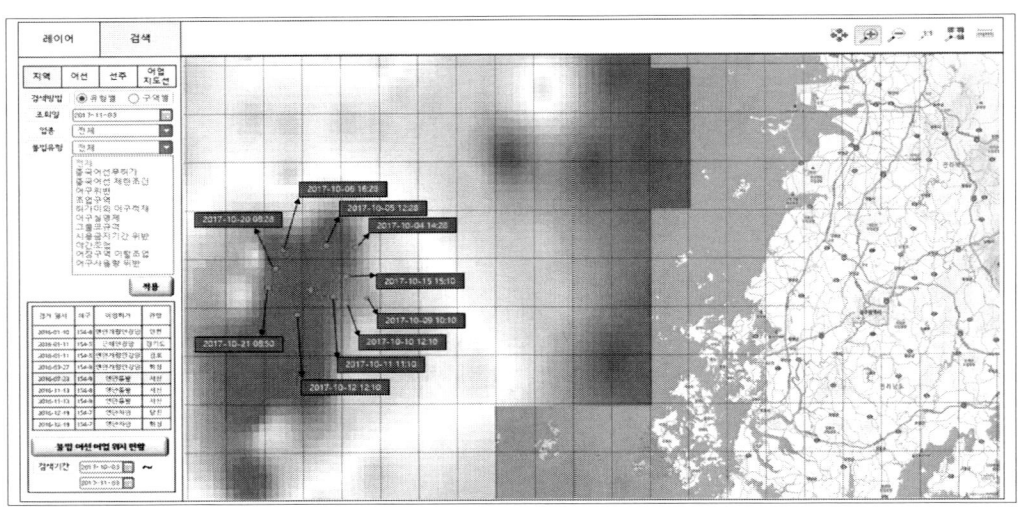

[그림 5-25] 어업지도 예측분석 수행 후 불법어업 어선의 위치 전자지도(안)

○ 지역으로 검색 (구역별 검색)

- 검색 기간 기준으로 기관 및 업종, 해역별 검색된 단속된 실적을 보여줌
  • 예시 화면은 검색 방법, 검색 기간, 기관, 업종, 해역을 선택한 후 검색하면 단속 이력 정보가 전자지도 위에 표시
  • 각 단속된 실적에 대해 목록으로 표시됨

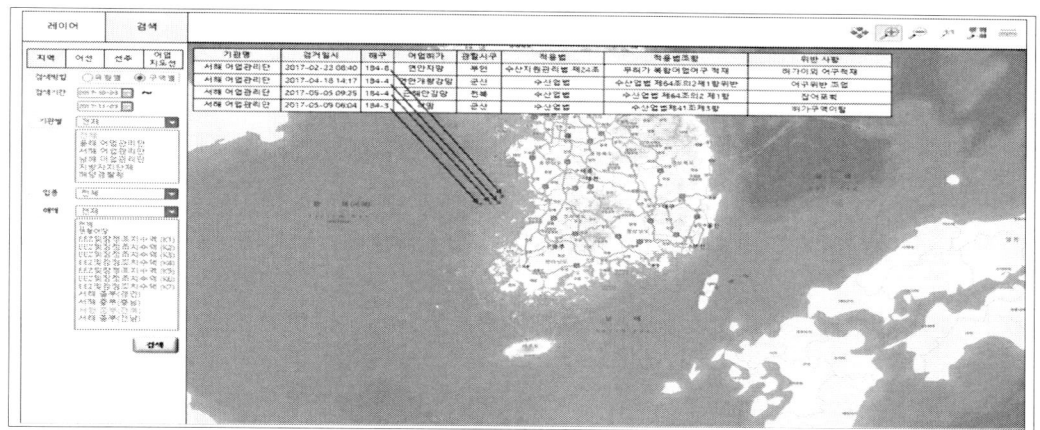

〔그림 5-26〕 불법어업단속 실적 지역-구역별 결과 전자지도(안)

○ 어선으로 검색

- 업종, 불법유형 검색일 기준으로 단속된 어선 목록 및 정보를 보여줌
- 또한 어선명으로 직접 입력하여 단속된 어선 정보를 보여줌
  • 예시 화면은 검색일 기준으로 단속되었던 선박이 현재 출항하여 운행 중인 어선을 표시하고 해당 어선의 정보를 보여줌
  • 검색일 기준으로 출항된 선박을 기준으로 함

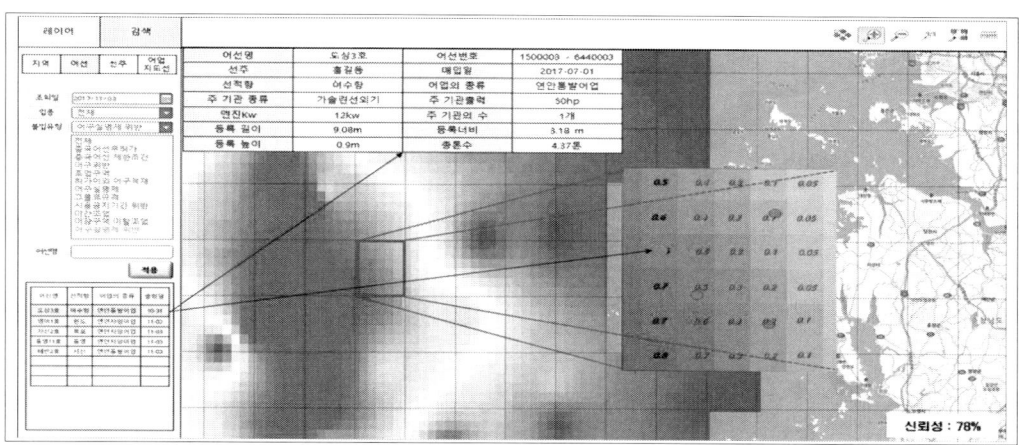

〔그림 5-27〕 어업지도 예측분석 수행 후 전자지도 상의 어선 현황(안)

○ 선주로 검색
- 업종, 불법유형, 선주 정보와 함께 검색일 기준으로 선주가 보유한 어선 목록 및 정보를 보여줌 또한 단속된 어선 정보 및 보유 어선 정보를 보여줌
  • 검색 지역에서 단속된 선주를 보여주며, 단속된 선주가 소유한 선박에 대한 단속된 지점 및 이력을 보여줌

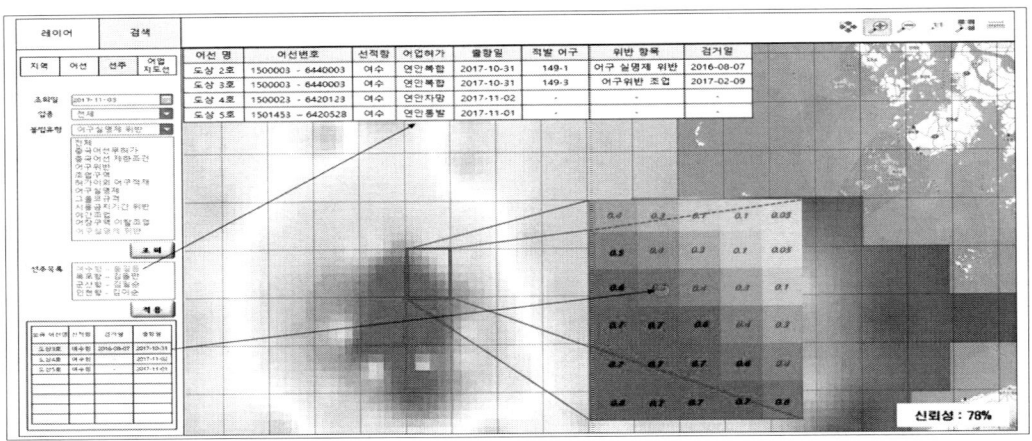

[그림 5-28] 어업지도 예측분석 수행 후 전자지도 상의 선주의 어선 현황(안)

○ 어업지도선으로 검색 (지도선별 검색)
- 어업지도선, 해역별, 검색 기간 기준으로 어업지도선의 출항 목록과 출항 위치를 보여주며, 출항 시 단속 지점에 대한 영상 정보도 보여줌
  • 어업지도선을 선택하면 해당 어업지도선의 해당 기간 동안 입출항 목록을 보여줌
  • 또한 선택한 어업지도선의 출항한 해역별로 이동 경로를 보여줌
  • 해당 어업지도선의 위치에서 단속한 선박에 대한 CCTV 영상을 선택하여 확인함

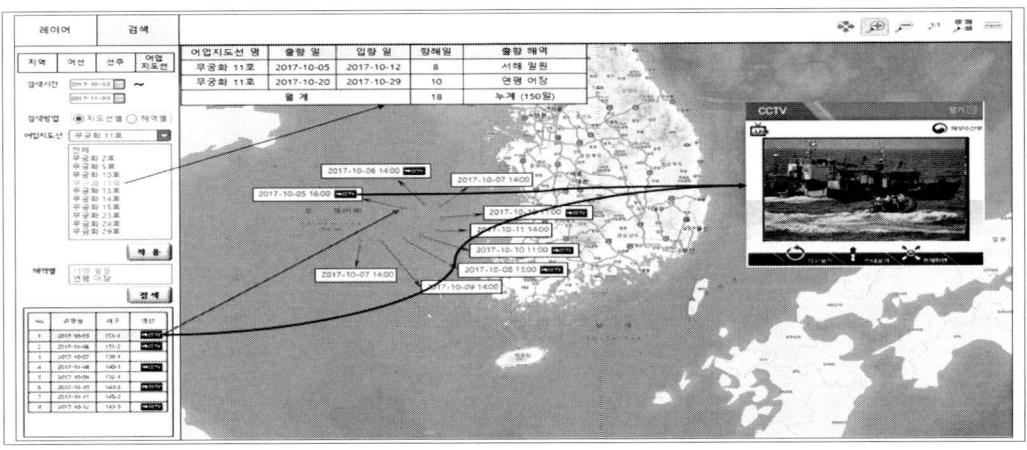

[그림 5-29] 전자지도 상의 어업지도선의 불법 어선의 단속 위치 현황(안)

○ 어업지도선으로 검색 (해역별 검색)
  - 해역, 검색기간 기준으로 어업지도선의 출항 목록과 항적 위치를 보여주며, 출항 시 단속 지점에 대한 영상 정보도 보여줌
    • 어업지도선의 위치 및 운행 이력 사항과 단속 영상을 보여줌

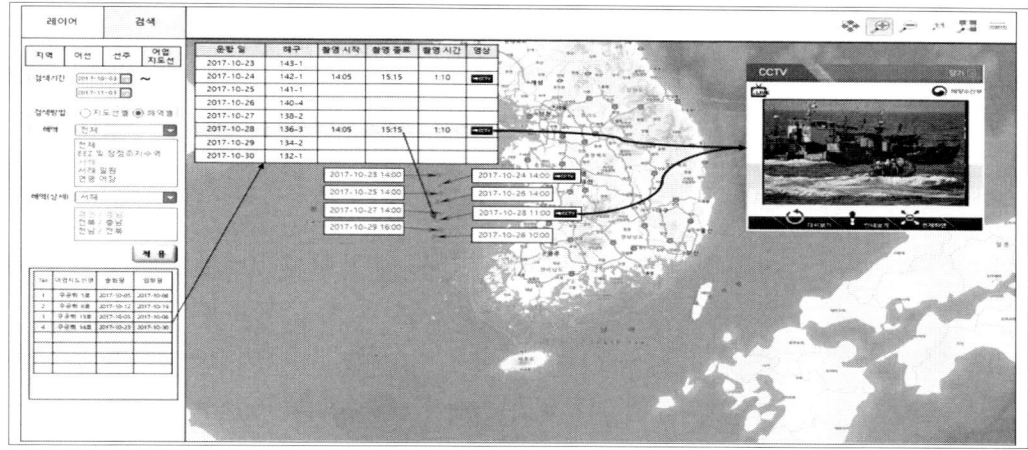

[그림 5-30] 전자지도 상의 해역별 어업지도선의 불법 어선의 단속 위치 현황(안)

⑥ 어업지도 통계 서비스 및 보고서

○ 해역별 어업지도 관련 통계를 보여줌
  - 해역(격자)별 해역 통계
  - 월별 / 분기별 / 특정 기간별로 다양한 통계 자료를 산출

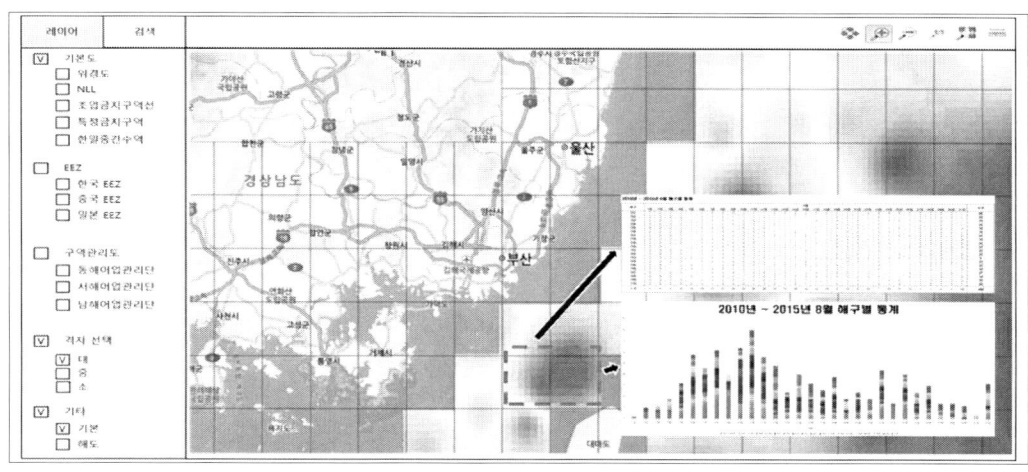

[그림 5-31] 어업지도 해구별 통계 서비스 화면(안)

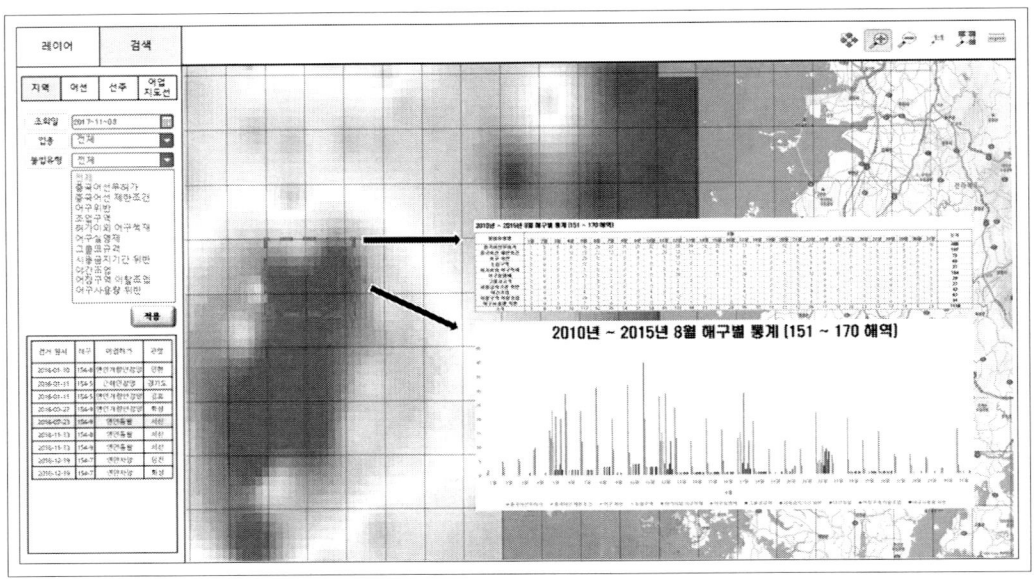

〔그림 5-32〕 어업지도 유형별 해역별 통계 서비스 화면(안)

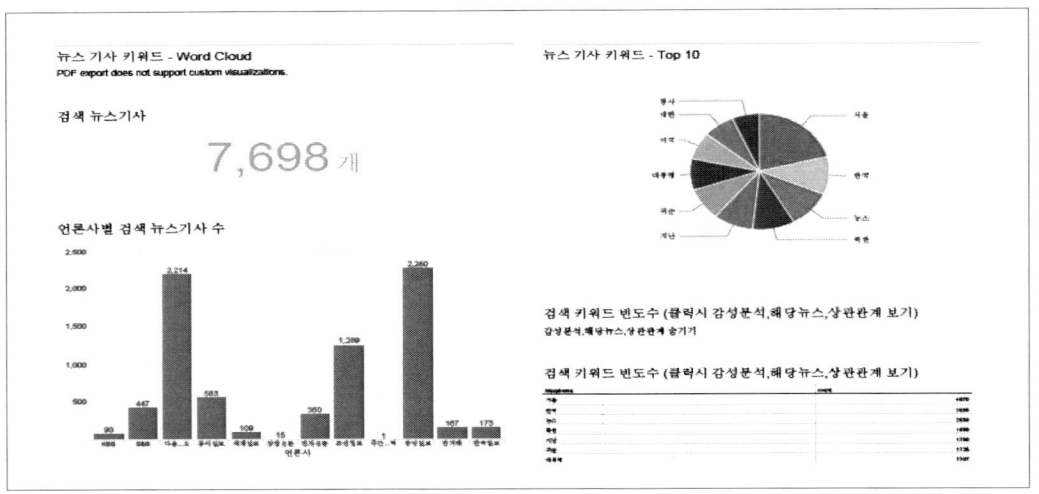

〔그림 5-33〕 어업지도 관련 보고서 화면(안)

○ 시각화된 화면에서 각각의 사용자가 원하는 형태의 보고서를 출력할 수 있도록 구성함
   - 위 예시 화면에 표시된 시각화 화면을 그래프(막대, 원), 목록 보고서 형태로 꾸며 출력함

⑦ 비정형 데이터 분석

○ 비정형 기법 혹은 솔루션을 적용하여 텍스트마이닝39) 기법을 활용하여 분석수행

○ 형태소 분석40)을 통해 비정형 분석 수행

○ 국내외 뉴스를 수집하여 해양 관련 이슈를 분석
- 국내 신문, 방송사 및 포털에서 제공하는 뉴스를 정보를 수집
- 중국의 대표적인 포털 바이두(http://www.baidㅎu.com)의 뉴스를 수집
- 수집한 정보의 형태소 분석을 통해 이슈를 추출
- 이슈 관련 인사이트 표출

〔그림 5-34〕 언어처리 비정형 분석 예 - 워드 클라우드

○ 수집한 뉴스에 대한 단어를 바탕으로 이슈를 추출

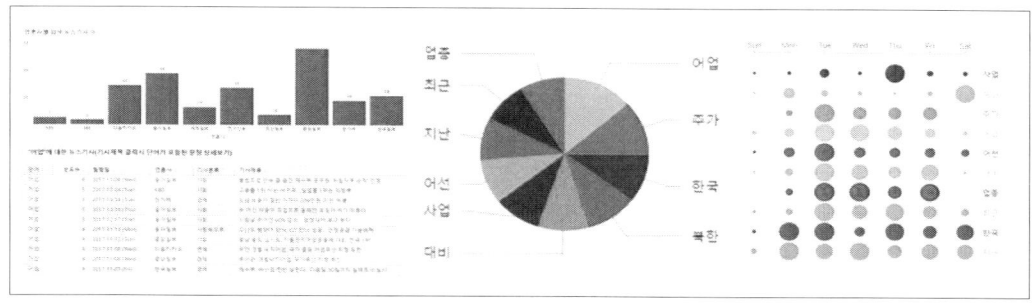

〔그림 5-35〕 언어처리 비정형 분석 예 - 뉴스 (이슈)

---

39) 텍스트 마이닝(Text Mining)은 데이터에서 가치와 의미가 있는 정보를 찾아내는 기법 (TTA 정보통신 용어사전). 텍스트 기반의 데이터로부터 새로운 정보를 발견할 수 있도록 정보 검색, 추출, 체계화, 분석을 모두 아우르는 Text-processing 기술 및 처리 과정
40) 형태소 분석 : 주어진 언어 문장에서 구조를 파악하고, 문장 분할, 분석, 추출, 원형 복원을 거쳐 의미를 갖는 최소 단위인 형태소(morphemes)를 발굴해 내는 과정 (TTA 정보통신 용어사전)

제3절 어업지도 효율화모델의 경제적·기술적 타당성 분석

1. 경제적 타당성 분석

1) 분석 방법

○ 경제적 타당성 분석은 비용과 편익을 화폐가치로 환산·분석하여 경제적인 타당성을 추정하는 방법임. 주로 비용·편익 분석을 통해 분석을 수행하며 해당 분석의 경우 분석 과정에서 평가자의 주관이 개입될 여지가 적고 균일한 척도로 비교가 가능하다는 장점이 있음

○ 비용·편익분석(Cost-Benefit Analysis)이란 의사결정을 하는데 있어 가능한 모든 사회적 비용과 가능한 모든 사회적 편익을 따져 대안들 중 최적대안을 선정하는 기법임. 의사결정자는 대안들 중 비용이 같다면 그 중 편익이 가장 큰 대안을 선택하거나, 반대로 편익이 같다면 그 비용이 가장 적게 드는 대안을 선택함

○ 비용·편익분석은 공공투자사업의 타당성 분석중 하나라고 할 수 있으며, 정부 예산의 효율적 집행을 위해 사업이 경제적으로 얼마나 타당한지를 판단하여 정책 결정을 위한 의사결정수단으로서의 역할을 제공함
　- 본 연구에서는 민간기업 차원의 재무 분석과는 달리 국민경제 전체의 관점 또는 사회적인 관점에서 비용과 편익을 파악함
　- 편익의 분석기간은 미국의 IT분야 리서치 기업인 가트너(Gartner)가 제공하는 제품수명 주기표에 나타나는 빅데이터 기술의 수명주기를 고려하여 10년을 기준으로 함

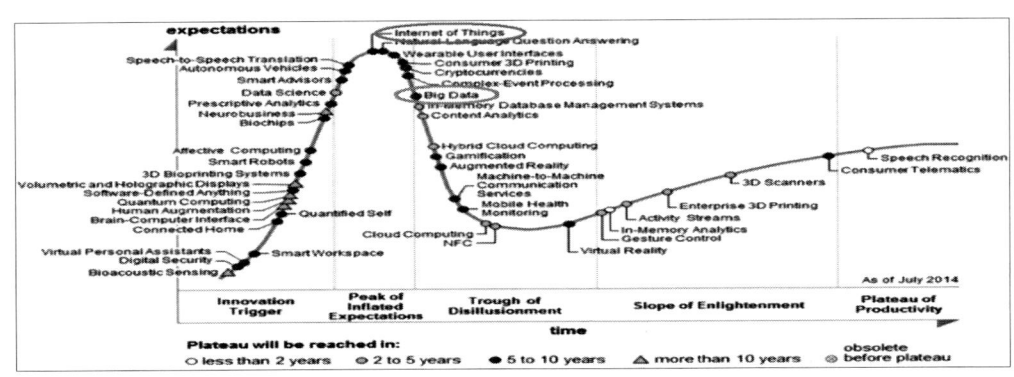

[그림 5-36] 가트너(Gartner)의 '하이프 사이클(Hype Cycle)'

자료 : www.gartner.com/technology/topics/trends.jsp, 스마트양식장통합관리시스템 개발 기획연구(2016)에서 재인용

○ 비용·편익분석방법에는 순현재가치(NPV : Net Present Value), 비용·편익비율(B/C Ratio : Benefit-Cost Ratio), 내부수익률(IRR : Internal Rate of Return) 등이 있음

(1) 순현재가치

○ 순현재가치란 사업의 사회적 수익성을 측정하는 기법 중 하나이며, 사업에 수반되는 모든 비용과 편익을 현재 가치로 할인하여 총 편익에서 총 비용을 제한 값을 의미함

$$NPV = \sum_{t=0}^{n} \frac{(B_t - C_t)}{(1+r)^t} = (B_0 - C_0) + \frac{(B_1 - C_1)}{(1+r)} + \frac{(B_2 - C_2)}{(1+r)^2} + \cdots + \frac{(B_n - C_n)}{(1+r)^n} \quad \text{식 (1)}$$

○ 식 (2)와 같이 순현재가치가 0이상으로 나타나는 경우 해당 사업에 경제적 타당성이 있는 것으로 판단함

$$\sum_{t=0}^{n} \frac{(B_t - C_t)}{(1+r)^t} \geq 0 \quad \text{식 (2)}$$

(2) 비용·편익비율

○ 비용·편익비율은 편익을 비용으로 나눈 비율로, 다른 조건이 모두 같다면 이 비율이 높을수록 경제적 타당성이 높다고 평가할 수 있음. 비율을 나타낼시 사회적 할인율을 적용함

$$\frac{B}{C} = \sum_{t=0}^{n} \frac{B_t}{(1+r)^t} / \sum_{t=0}^{n} \frac{C_t}{(1+r)^t}, \quad t = 0, 1, \cdots, n \quad \text{식 (3)}$$

○ 일반적으로 식 (4)와 같이 비용·편익비율이 1이상의 값으로 나타날 때 해당사업에 경제적 타당성이 있다고 판단함

$$\frac{B}{C} = \sum_{t=0}^{n} \frac{B_t}{(1+r)^t} / \sum_{t=0}^{n} \frac{C_t}{(1+r)^t} \geq 1 \quad \text{식 (4)}$$

○ 비용·편익비율 도출 시에 적용되는 사회적 할인율은 공공투자사업의 경제적 타당성 평가에 사용되는 가장 중요한 척도의 하나로서 일반적으로 KDI(한국개발원)에서 제시하는 사회적 할인율을 적용하고 있음[41]
- 예비타당성조사 수행을 위한 일반지침(제5판)에서는 저금리·저성장의 지속으로 인한 자본시장의 상황 변화 등을 반영하여 사회적 할인율을 적용하였음
- 대부분의 공공사업은 초기에 투입비용이 집중되고 편익은 장기간에 걸쳐 나타나므로 할인율을 높게 적용할수록 편익의 현재가치가 비용의 현재가치보다 더 큰 폭으로 작아지게 됨. 따라서 할인율이 높게 측정되면 순현재가치가 낮아지므로 경제적 타당성이 낮게 평가되어 부정적인 평가를 받을 수 있음
- 반대로 할인율을 낮게 적용하면 편익의 현재가치가 커지므로 공공사업의 대안 평가가 긍정적으로 나타나 공공지출이 활발히 진행될 수 있음[42]
- 1차산업을 기반으로한 R&D 투자라는 장기투자사업이라는 관점에서 본 과제에서는 제조업에 R&D 투자에 적용하는 할인율 보다 낮은 4.4%할인율을 적용함

(3) 내부수익률

○ 내부수익률이란 편익과 비용의 현재가치로 환산된 값이 같아지는 할인율을 구하는 방법으로, 사업의 시행으로 발생하는 편익과 비용의 순현재가치를 0으로 만드는 할인율임

$$NPV = \sum_{t=0}^{N} \frac{C_t}{(1+r)^t} = 0 \qquad 식\ (5)$$

○ 식 (5)를 만족하는 할인율이(r) 사회적 할인율보다 큰 경우 해당 사업에 경제성이 있다고 판단함

2) 비용

○ 어업지도 효율화모델 개발비 및 유지비 : 향후 10년간 약 44억의 비용 발생 (2018-2027)

○ 개발비 약 30.7억 원+매년 1.5억원 유지비+업그레이드 비용(5년 주기)5억 원

---

[41] KDI, 공기업·준정부기관 사업 예비타당성조사 수행을 위한 일반지침 연구, 2013.
[42] 해양수산부, 스마트양식장통합관리시스템 개발 기획연구, 2016.

3) 편익

  (1) 비용 절감

○ 어업지도 효율화모델의 운영을 통해 단속의 효율성 증대로 단속경비정의 유류비를 연간 약 5% 절감할 것으로 예상(연간 약 8.1억 원의 편익 증가)

  (2) 국민경제

○ 국가 이미지 제고 : 불법어업에 대한 선제적 대응으로 불법어업 청정국 이미지 구축이 가능함

○ 불법어업 예측 모델의 해외 수출과 관련 시장 선점으로 경제적 이익 발생이 가능함

  (3) 빅데이터 기술 발전

○ 그간 수산업에 적용이 미흡했던 빅데이터 기술의 연구를 통해 빅데이터 활용 기술의 발전 및 수산 정책 활용 범위 증대가 가능함

2) 분석 결과

○ (비용추정 항목) 개발비 및 유지비 45.8억 원
  - 빅데이터를 활용한 어업지도 효율화모델의 개발과 유지에 소요되는 비용을 비용 항목으로 고려함
○ (편익추정 항목) 어업관리단 유류비 절감 5% = 8.1억 원/년, 7년
  - 비용편익 분석의 특성상 공공사업으로부터 발생하는 다양한 사회적 효과를 실질적으로 화폐화하여 편익으로 산정하는 데에는 한계가 있음. 따라서 본 연구에서는 화폐화가 가능한 항목만을 편익의 항목으로 고려함
○ 비용 편익 분석 결과 BC Ratio가 1.2131로 도출되어 경제적 타당성이 있는 것으로 나타남

<표 5-2> 경제적 타당성 분석 결과

연도	비용	편익	비용현가	편익현가	IRR(%)	NPV
2018	18.2	0.0	17.4	0.0	−18.2	−17.4
2019	10.2	0.0	9.4	0.0	−10.2	−9.4
2020	3.4	0.0	3.0	0.0	−3.4	−3.0
2021	1.5	8.1	1.3	7.1	6.6	5.9
2022	1.5	8.1	4.0	6.8	6.6	2.8
2023	5.0	8.1	1.2	6.5	3.1	5.4
2024	1.5	8.1	1.1	6.3	6.6	5.1
2025	1.5	8.1	1.1	6.0	6.6	4.9
2026	1.5	8.1	1.0	5.7	6.6	4.7
2027	1.5	8.1	0.0	5.5	6.6	5.5
합계	45.8	56.7	36.2	44.0	0.3	22.0
B/C	1.2131					

2. 기술적 타당성 분석

1) 분석 대상 기술

○ 빅데이터 적용 기술

- 불법어업 발생 예측을 위한 빅데이터 플랫폼과 유사한 사업은 국내에서 아직 개발된 사례가 없음
- 국외에서는 구글이 클라우드, 빅데이터, 인공위성의 AIS를 이용하여 Global Fishing Watch라는 웹사이트에 개발한 사례가 있음. 해당기술은 AIS(Automatic Identification System)의 위치 정보와 선박정보 등을 수집·처리 분석함
- 특히 연근해 불법어업관련 데이터(어장, 단속 이력 등)를 통합적으로 관리하는 시스템은 부재함

- 다시 말해서 여러 분야에서 빅데이터 플랫폼이 적용 활용되고 있으나, 어업지도 등에 적용된 사례는 없음
- 불법어업 예측을 위한 빅데이터 적용기술은 치안 정책에서 각종 범죄 유형에 따른 지역별 발생 예측에 적용되는 기술과 유사한 기술로 판단됨

o 불법어업 예측 기술

- 불법어업 예측 기술은 국내외 사례가 존재하지 않음
- EU에서 2017년 4월 Black Bawks 데이터 분석을 진행하여 2018년 적용할 예정에 있으나, 이는 불법어업으로 인한 수입의 위험성 평가를 용이하도록 하기 위한 기술임
- 이외에 구글에서 GPS 방식을 사용하여 트롤선 등 특정 선박 유형과 AIS의 위치 패턴으로 불법어업 선박을 식별하는 기술이 있음
- 불법어업 발생 가능성 도출 기술에 적용될 원천 기술은 도시 지역의 범죄 유형별 발생 예측 기술로 미국에서 적용되었으나, 해양의 불법어업에는 적용된 바가 없음
- 적용 시 여러 가지 변수에 대한 고려가 되면, 미국에 적용된 방향을 도출할 수 있을 것으로 기대됨
- 본 사업에 적용되는 불법어업 예측 기술은 불법어업 유형, 어장 및 기상정보, 단속 정보 등 불법어업 및 어업지도 관련 정보를 반영하여 예측을 수행함

2) 기술 개발의 적절성

o 빅데이터 적용 기술

- 빅데이터 수집 기술 : 불법어업과 관련한 많은 양의 데이터를 수집하고 이를 불법어업 예측 및 통계 지표에 적합하도록 전처리하여 통합 관리하는 기술
- 데이터 마트 : 불법어업 관련 수집한 정보를 분석이 용이하도록 구성하여, 데이터 자원의 낭비가 발생하지 않도록 함
- 불법어업 예측 분석 결과는 시각화하여 전자해도 위에 표출되며, 다른 추가적인 요소를 함께 볼 수 있도록 시스템을 구성함

o 불법어업 예측 모델

- 해외에서 적용된 트롤선과 같은 불법어업의 예측 기술(GPS 방식)은 국내 해양 환경에는 적용되기 쉽지 않음. IS의 위치정보를 해양 환경적인 요소에 적용해야 하는데 해무가 많고 장비의 Off가 많음에 따라 쉽게 적용하기 어려움

- 시기에 따라 어장의 위치가 변하므로 불법어업의 발생을 예측하기 위해서는 GIS를 활용한 시공간 모델을 활용하는 것이 적절하다고 판단됨
    - 미국의 도시 지역 범죄 예측 모델 개발 사례를 보면 특정 지역에서 유사 범죄가 계속 발생하는 점을 감안하였는데 불법어업의 발생도 이와 유사한 형태를 보이고 있음
    - 따라서 불법어업 예측 모델 개발에 있어 범죄예측지도 개발 기술을 활용함
○ 사업 개발목표는 어업지도 효율화모델
    - 해역별 불법어업 발생 예측 결과는 수역을 기준으로 불법어업 유형별로 수치화하여 GIS 상에 도출함
    - 불법어업 및 어업지도 관련 정보 통합 및 공유는 여러 기관으로부터 데이터를 수집하여 의미 있는 데이터로 통합하고 관련 기관에게 해당 내용을 제공할 수 있도록 플랫폼으로 구성함
    - 불법어업 관련 다양한 보고 산출물을 통합/복합적으로 관리하고 다양한 기관에 원하는 포맷으로 제공이 가능함
    - 기존의 산재되어 있던 데이터를 직관적으로 파악할 수 있도록 정비하고, 사용자 맞춤형 정보의 제공이 가능해짐으로써 어업지도의 효율화에 기여할 것으로 판단됨
○ 구성 및 내용의 적절성
    - 빅데이터 플랫폼은 데이터 수집부터 시각화까지의 플랫폼 내에서 관리하는 모든 정보에 대한 log 및 이력관리를 하도록 구성되어 있어야 하며, 유관 기관으로부터 수집된 정보를 가공하여 전자지도 화면 혹은 Application 화면, 보고서로 공유되도록 구성됨
    - 불법어업 발생 예측은 지역(수역)별로 일정간격의 격자에 발생 예측치를 산출하여 수치화하고 GIS 상에 색상으로 표시하도록 하므로 수치화와 함께 시각화에도 적절하게 부합한다고 봄

3) 기술 개발의 성공 가능성

○ 국내 빅데이터 적용 기술은 성장기에 진입된 수준이며, 불법어업 예측 기술은 태동기라고 할 수 있음

○ 그러나 불법어업 예측 기술의 경우 미국의 범죄 예측 모델과 같이 현 모델에 적용 가능한 기존 유사 모델 및 이론이 존재함

○ 이를 바탕으로 해양환경의 불법어업 발생 예측 기술을 개발하므로 기술성숙도는 (TRL: Technology Readiness Level) 6단계[43]로 판단할 수 있으며, 기술 개발의 성공 가능성 또한 높을 것으로 판단됨

4) 기술 사업과 중복성

○ 사업 혹은 과제의 중복성

- 어업지도 또는 불법어업 발생 예측 관련 사업 중복성 검토
  - 조사방법 : 국가과학기술지식정보서비스(www.ntis.go.kr) 검색
  - 주요 키워드 : 어업지도, 불법어업
  - 기타 : 인력양성, 기초연구 목적의 사업 제외

<표 5-3> 기술 사업 중복성 검토

번호	항목	내용
1	부처명	미래창조과학부
	과제명	무인기 기반 불법어업 감시체계 구축 및 시범운용 (협업기반의 산업활력제고사업)
	수행기관	한국항공우주연구원
	연구기간	2014-04-01 ~ 2015-03-31
	연구비	38,162백만 원
	주요내용	• 불법어업 감시용 틸트로터 무인기 운용개념 (CONOPS) 수립 • 비행거리, 비행시간, 비행고도, 소음수준 등 비행체 성능 및 탑재장비에 대한 요구도 산출 • 틸트로터 무인기용 통합 선박식별 시스템 및 영상화질 개선시스템 개발 • 유인기 활용 비행시험 및 검증
	중복성검토	• 중국어선의 불법조업 선박식별을 위한 무인기 및 시스템개발 • 향후 본 사업에 활용 방안 연계 • 중복성 없음
2	부처명	미래창조과학부
	과제명	해양주권 확보를 위한 선박 식별 관리시스템 구축 사업 공동기획연구

---

[43] 기술성숙도: 기초연구 단계 (TRL 1: 기본원리 발견, TRL 2: 기술개념과 적용분야의 확립) → 실험단계 (TRL 3: 분석과 실험을 통한 기술개념 검증, TRL 4: 연구실에서의 워킹모델 개발) → 시작품 단계 (TRL 5: 유사환경에서의 워킹모델 검증, TL 6: 유사환경에서의 프로토타입개발) → 실용화 단계 (TRL 7: 실제환경에서의 시제품 데모, TRL 8: 상용제품 시험 평가 및 신뢰성 검증) → 사업화단계 (TRL 9: 상용제품 생산)

번 호	항 목	내 용
	수행기관	(사)한국사물인터넷협회
	연구기간	2014-04-24 ~ 2014-07-23
	연구비	50백만 원
	주요내용	• 원거리 선박 식별 관리 시스템 사용에 따른 주파수 소요량 산출 및 확보 방안 수립 • 한·중간 외교적 문제 해결을 포함한 유효하고 실효적인 불법 조업 중국어선 단속을 위한 제도 개선방안 수립
	중복성검토	• 한 우리 EEZ내 중국 어선의 불법어업 단속을 위한 원거리(10 km)에서 허가유무를 확인할 수 있는 선박 식별 관리 시스템 개발 • 본 사업에 참고는 되나 중복성 없음
3	부처명	과학기술정보통신부
	과제명	해양주권 확보를 위한 원거리 선박 무선식별 기술 및 레이더 연계 해상 모니터링 시스템 개발
	수행기관	한국전자통신연구원
	연구기간	2015-06-01 ~ 2018-05-31
	연구비	7,941 백만 원
	주요내용	• 원거리 해상 선박식별을 위한 무선 통신시스템 설계 • 원거리 불법 조업 선박 식별용 통신 프로토콜 설계 및 시뮬레이션 • 단속선과 어선간 선박 식별용 통신 모듈 시작품 제작 및 단위 기술 검증 • 해상 IoT를 위한 무선 주파수 기술기준(안) 제안 • 무선 선박식별 통신용 송수신 기술 통합 설계 • 단속선의 해상센서 및 통신장치 신호 연동기술 설계 • S-57 전자해도기반 중국어선 실시간 추적 및 표출기술 설계 • 단속선용 무선 선박식별 통신 모듈 제작 • 해상환경(방수,방염등)에 적합한 어선 보급용 소형 단말기 기구 설계 • 선박식별 통신용 송수신 모듈 통합 및 제어기술 설계 • 다매체 단속 상황 채증 소프트웨어 설계 • 단속 상황 채증정보 동기화 저장 기능 설계 • 단속 상황 채증정보 다관점 입체적 표출 기능 설계 • 불법조업 패턴분석 요구사항 수집 및 분석 • 불법조업 단속 관련 시스템 현황 및 데이터 현황 분석 • 불법조업 정보분석을 위한 데이터 수집·저장·분류 체계 및 프로세스 설계 • 불법조업 패턴 분석기법 설정 및 단속 정보 제공 기능 설계
	중복성검토	• 본 사업은 원거리 해상 선박식별을 위한 무선 통신시스템 기반의 불법조업 패턴 분석 및 기법을 설정, 단속 현황 및 정보 제공으로 불법어업 발생 예측과는 다름 • 본 사업에 참고는 되나 중복성 없음
4	부처명	국토해양부

번 호	항 목	내 용
5	과제명	해양위성센터 운영 및 기능고도화
	수행기관	한국해양과학기술원
	연구기간	2010-01-01 ~ 2012-07-23
	연구비	5,040백만 원
	주요내용	• 해양위성센터 주요시스템 기능 강화(Ⅰ) • 해양위성자료 처리 및 관리, 저장 시스템 개선 • GOCI 자료 처리/저장/백업 최적화 • 위성자료 서비스 기능 강화 • 천리안 해양관측위성 분석기술 고도화(Ⅰ) • 대기보정 성능 향상 • 탁수 대기보정 기술 개발 • 해수성분 분석 알고리즘 개선 • 해수광특성 분석 알고리즘 개발 • 다중위성 복합 활용연구(Ⅰ) • 갯벌 생태주제도 작성 • 위성기반 선박모니터링 시스템 설계 및 요소기술 개발 해양환경분석 기술 개발(Ⅲ) • 동해의 PFTs/PSCs 알고리즘 개발을 위한 현장조사 및 검증 • 북태평양 혼합층깊이와 클로로필 계절변동성 변동성 제시 • 위성자료와 3차원 해양모델의 융합 및 가시화 기반기술개발 • GOCI PP 알고리듬 작성 - 위성자료로 부터 연안해역의 POC 분포조사를 위한 요소기술 연구
	중복성검토	• 위성 기반의 선박모니터링으로 본 사업에 관련성을 새로이 봄 • 본 사업에 참고는 되나 중복성 없음
	부처명	해양수산부
	과제명	불법어업 유형별 분석 및 지도단속 방안 연구
	수행기관	한국법제연구원
	연구기간	2014-08-18 ~ 2014-12-15
	연구비	25백만 원
	주요내용	• 불법어업 해역별 연근해 불법어업 실태조사 및 유형별 분석 • 주변국가 불법어업 실태 및 지도단속 현황조사 • 불법 유형에 따른 제도개선 방안 • 불법 유형에 따른 지도단속 방안 • 불법어업 유형별 지도단속에 따른 기대효과
	중복성검토	• 불법어업 및 지도단속 현황, 불법어업 유형에 따른 제도개선 • 향후 본 사업에 활용 방안 연계 • 중복성 없음

제4절 사업추진 로드맵

1. 사업추진 체계

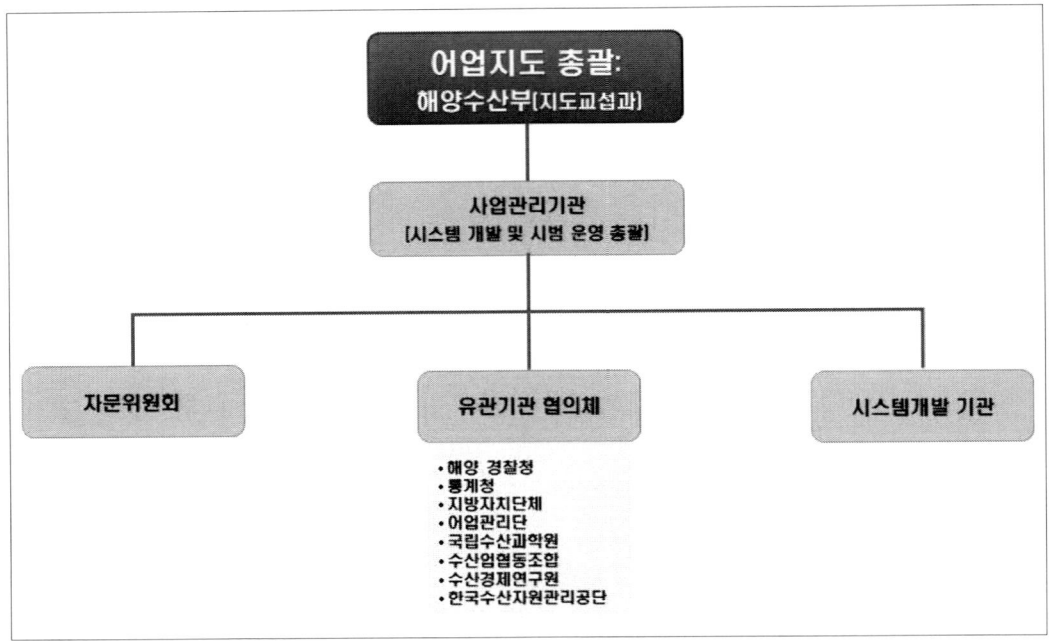

[그림 5-37] 어업지도 효율화모델 개발을 위한 빅데이터 플랫폼 구축 사업 추진 체계

2. 사업추진 내용

1) 주요 사업 내용

○ 빅데이터 플랫폼 개발
  - 빅데이터 연계·수집 서비스 : 연계 기관 데이터 수집 및 관리 서비스 개발
  - 빅데이터 관리 서비스 : 빅데이터 플랫폼 자원 및 접근 관리 개발
  - 빅데이터 분석 서비스 : 어업지도 효율화모델 개발
  - 빅데이터 통계 서비스 : 어업지도 관련 통계 서비스 개발
  - 비정형 데이터 분석 : 뉴스 이슈 분석 서비스 개발
  - GIS 연계 개발 : GIS 도입에 따른 전자지도 및 레이어 개발

○ HW/SW 시스템 도입

- WEB / WAS / DB / GIS / 분배 서버 도입
- 주요 서버 Load Balancing 적용
- 스토리지 도입
- 빅데이터 서버 도입
- 빅데이터 솔루션 도입
- 상용 SW (WEB / WAS / DBMS / SSO / 형태소 분석기 / Reporting Tool)

2) 연차별 주요 사업 내용

○ 1차년도 주요 사업 내용

- 빅데이터 플랫폼 개발
  • 빅데이터 연계·수집 서비스 : 주요 연계 기관 데이터 수집
  • 빅데이터 관리 서비스 : 빅데이터 플랫폼 자원 및 접근 관리 개발
  • 빅데이터 분석 서비스 : 어업지도 효율화모델 개발
  • 빅데이터 통계 서비스 : 어업지도 수역 관련 통계 서비스 개발
  • GIS 연계 개발 : GIS 도입에 따른 전자지도 및 시스템 개발
- HW/SW 시스템 도입
  • WEB / WAS / DB / GIS 서버 각 1대 도입
  • 스토리지 도입
  • 빅데이터 서버 도입
  • 상용 SW (WEB / WAS / DBMS) 도입
  • Virus Program 도입

○ 2차년도 주요 사업 내용

- 빅데이터 플랫폼 확장 개발
  • 빅데이터 연계·수집 서비스 : 추가 연계 기관 데이터 수집
  • 빅데이터 분석 서비스 : 어업지도 모델 Upgrade 개발
  • 빅데이터 통계 서비스 : 어업에 관련 통계 서비스 개발
  • 비정형 데이터 분석 : 뉴스 이슈 분석 서비스 개발
  • GIS 연계 개발 : 전자지도 개발 (통계 레이어, 어장 레이어 등)
- HW/SW 시스템 도입
  • WEB / WAS 서버 각 1대 도입(Load Balancing)
  • 분배 서버 1대 도입
  • L4 Switch (Server Load Balancing) 1대 도입

- 상용 SW (WEB / WAS) 1식 도입
- SSO (Single Sign On) 1식 도입
- 형태소 분석기 1식 도입
- Virus Program 도입
- Reporting Tool 1식 도입

○ 3차년도 주요 사업 내용
- 어업지도 효율화모델 및 빅데이터 플랫폼 운영 업무 프로세스 컨설팅
- 어업지도 효율화모델 및 빅데이터 플랫폼 운영 유지보수 및 데이터 관리

3. 사업추진 일정

1) 전체 사업 일정

○ 전체 사업 기간 : 3년
- 1차년도 : 어업지도 효율화모델 시범사업, 빅데이터 플랫폼 도입기
- 2차년도 : 어업지도 모델 확장, 빅데이터 플랫폼 분석, 통계 서비스 확장 개발
- 3차년도 : 어업 관련 자문기관으로부터 컨설팅 및 유지보수 수행

2) 세부 사업 일정

<표 5-4> 1차년도 세부 사업일정 계획

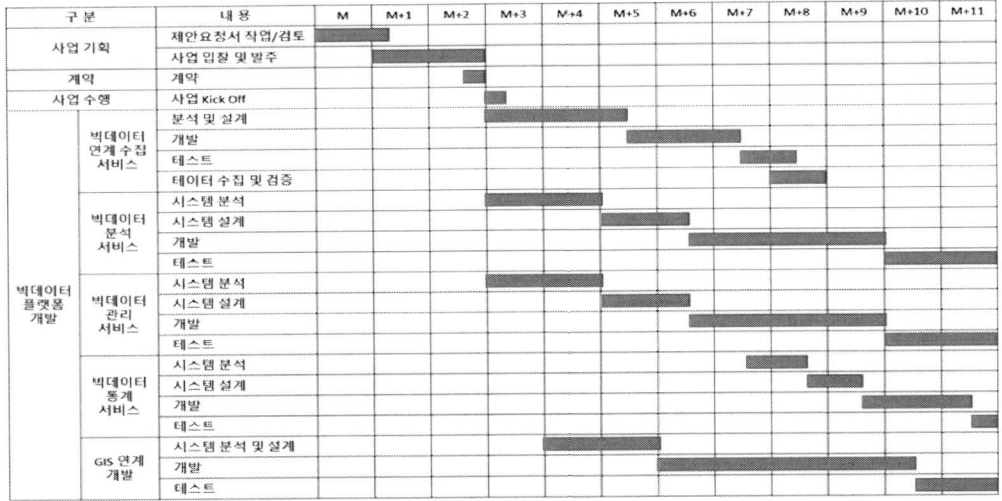

<표 5-5> 2차년도 세부 사업일정 계획

구분		내용	M	M+1	M+2	M+3	M+4	M+5	M+6	M+7	M+8	M+9	M+10	M+11
계약		계약			■									
사업수행		사업 Kick Off				■								
빅데이터 플랫폼 개발	빅데이터 연계 수집 서비스	분석 및 설계				■	■							
		개발						■	■					
		테스트								■	■			
		데이터 수집 및 검증							■	■				
	빅데이터 분석 서비스	시스템 분석					■	■						
		시스템 설계						■	■					
		개발								■	■	■		
		테스트											■	■
	빅데이터 통계 서비스	시스템 분석					■	■						
		시스템 설계						■	■					
		개발								■	■	■		
		테스트											■	■
	GIS 레이어 개발	시스템 분석 및 설계						■	■					
		개발(지도 개발)							■	■	■			
		테스트									■			
	실시간 영상 관리 서비스	시스템 분석 및 설계					■							
		개발						■						
		테스트						■						
	SSO 도입 및 커스터 마이징	시스템 분석 및 설계					■							
		개발						■	■					
		테스트					■							

제5절 어업지도 효율화모델 구축 및 운영 사업비

1. 전체 구축 및 운영 사업비

○ 1차년도에는 하드웨어·소프트웨어 도입비, 인건비를 포함하여 총 1,821,622천원이 소요되며 2차년도에는 하드웨어와 소프트웨어를 업그레이드하고 운영인건비를 지급하는데 1,023,418천원이 소요됨. 3차년도에는 인건비와 유지보수비로 340,906천원이 소요되며 총 사업기간 동안 소요되는 비용은 3,185,946천원임

<표 5-6> 총 사업비

(단위 : 천원)

구 분	1차년도	2차년도	3차년도	합 계
H/W 도입비	310,970	83,490	-	394,460
S/W 도입비	511,192	121,308	-	632,500
인건비	999,460	818,620	68,640	1,886,720
유지보수비	-	-	272,266	272,266
합 계	1,821,622	1,023,418	340,906	3,185,946

2. 연차별 구축 및 운영 사업비

1) 1차년도 사업비

○ 1차년도의 사업비는 기본적인 시스템의 구축을 위한 장비 도입 및 서비스 개발에 사용됨. 하드웨어의 도입에 310,970천원이 소요되며, 소프트웨어의 도입에 511,192 천원이 소요됨. 또한 빅데이터 연계 수집·분석·관리·통계 서비스, GIS 연계 개발과 같은 빅데이터 플랫폼 개발을 위해 999,460천원이 소요됨

<표 5-7> 1차년도 사업비

(단위 : 원)

구 분		수량	내 역	비 용
HW도입	WEB Server	1식	CPU : 1.7GHz 6C*1EA, Memory : 32G, HDD : 1.2TB SAS	7,370,000
	WAS Server	1식	CPU : 1.7GHz 6C*1EA, Memory : 96G, HDD : 6.4TB SSD	22,000,000
	DB Server	1식	CPU : 2.2GHz 10C*2EA, Memory : 64G, HDD : 3.2TB SDD	27,500,000
	GIS Server	1식	CPU : 1.7GHz 6C*1EA, Memory : 96G, HDD : 6.4TB SSD	11,000,000
	Searcher Server	2대	CPU : 2.1GHz 6C*1EA, Memory : 64G, HDD : 6.4TB SDD	37,400,000
	Indexer Server	5대		93,500,000
	Forwarder Server	1대		18,700,000
	Storage	1식	Userable 100TB 이상	88,000,000
	기타(렉, KVM 등)	1식	19인치 표준 렉 (600 X 900 X 2100 (W x D x H))	5,500,000
SW도입	OS	12	Red Hat Enterprise Linux Server, Standard	12,672,000
	WEB Server	1	Red Hat JBoss Web Server, 16-Core Standard	2,640,000
	WAS Server	1	Enterprise Application Platform, 16-Core Standard	24,200,000
	DB Server	1	Tibero6@Enterprise	184,800,000
	빅데이터 솔루션	1	Data Search & Analysis Engine, Quick Dashboard Construction	275,000,000
	Virus Program	12	V3 Net For Linux	11,880,000
개발비	빅데이터 연계 수집 서비스	1식	고급기술자 6M, 중급기술자 9M	149,820,000
	빅데이터 분석 서비스	1식	특급기술자 9M, 고급기술자 12.5M, 중급기술자 16M	419,980,000
	빅데이터 관리 서비스	1식	고급기술자 9M, 중급기술자 9M	184,140,000
	빅데이터 통계 서비스	1식	고급기술자 6M, 중급기술자 6M	122,760,000
	GIS 연계 개발	1식	고급기술자 6M, 중급기술자 6M	122,760,000
합 계				1,821,622,000

2) 2차년도 사업비

○ 2차년도의 사업비는 1차년도의 장비 및 시스템을 업그레이드 하고 빅데이터 플랫폼의 확장 개발을 위해 사용됨. 하드웨어의 업그레이드에 83,490천원, 소프트웨어의 업그레이드에 121,308천원이 소요되며, 개발비로 818,620천원이 소요됨

<표 5-8> 2차년도 사업비

(단위 : 원)

구 분		수량	내 역	비 용
HW업그레이드	WEB Server	1식	CPU : 1.7GHz 6C*1EA, Memory : 32G, HDD : 1.2TB SAS	7,370,000
	WAS Server	1식	CPU : 1.7GHz 6C*1EA, Memory : 96G, HDD : 6.4TB SSD	22,000,000
	분내 Server	1식	CPU : 2.2GHz 10C*2EA, Memory : 96G, HDD : 3.2TB SSD	27,500,000
	L4 스위치	1식	Throughput 4Gbps, Memory : 6G, Port : 16 x 1 GbE SFP	26,620,000
SW업그레이드	OS	3	Red Hat Enterprise Linux Server, Standard	3,168,000
	WEB Server	1	Red Hat JBoss Web Server, 16-Core Standard	2,640,000
	WAS Server	1	Enterprise Application Platform, 16-Core Standard	24,200,000
	SSO	1	Multi환경 (HW, OS, 브라우저 등)에 100% 호환, Role기반으로 자원에 대한 접근제어	6,930,000
	형태소 분석기	1	문장 단위 형태소 분석, 자연어 처리	55,000,000
	Reporting Tool	1	HTML5기반 Web 전자서식 솔루션, 섹션 테이블, 서브리포트, 차트,크로스탭 등 다양한 컨트롤 제공	26,400,000
	Virus Program	3	V3 Net For Linux	2,970,000
개발비	빅데이터 연계 수집 서비스	1식	고급기술자 7M, 중급기술자 7M	143,220,000
	빅데이터 분석 서비스	1식	특급기술자 6.5M, 고급기술자 9M, 중급기술자 12.5M	311,520,000
	빅데이터 통계 서비스	1식	중급기술자 14M	126,280,000
	GIS 레이어 개발	1식	중급기술자 5M, 초급기술자 10M	173,800,000
	실시간 영상관리 서비스	1식	중급기술자 2M	18,040,000
	SSO 구축 및 커스터마이징	1식	고급기술자 4M	45,760,000
합 계				1,023,418,000

3) 3차년도 사업비

○ 3차년도의 사업비는 기존 장비·시스템의 유지보수 및 데이터 관리와 개발된 빅데이터 플랫폼 운영 업무 프로세스에 대한 컨설팅에 사용됨. 이를 위해 인건비 68,640천원 유지보수비 272,266천원이 소요됨

<표 5-9> 3차년도 사업비

(단위 : 원)

구 분		수량	내 역	비 용
HW 유지보수	Server	1식	WEB Server 2EA, WAS Server 2EA, DB Srver 1EA, GIS Server 1EA, Searcher/Indexer/Forearder 8EA, 분배 Server 1EA, 기타(렉, KVM 등)	39,336,000
	스위치	1식	L4 스위치 1EA	3,993,000
	Storage	1식	유지보수 요율(구입가의 15%)	13,200,000
SW 유지보수	OS / WEB / WAS / DB	1식	Red Hat OS 15EA, WEB(JBoss Web Server) 2EA, WAS(JBoss Enterprise) 2EA, DB (Tibero6) 1EA	38,148,000
	빅데이터 솔루션	1식	Splunk Enterprise 1식	41,250,000
	SSO / Reporting Tool	1식	SSO 1식, Reporting Tool 1식	4,999,500
	형태소 분석기	1식	형태소 분석기 1식	8,250,000
	Virus Program	14	V3 Net For Linux (1년간 비용)	14,850,000
개발 SW 유지보수	-	1식	중급기술자 12M	108,240,000
컨설팅	어업지도 관련 업무 비즈니스 컨설팅	1식	고급기술자 6M	68,640,000
합 계				340,906,500

제6장 어업지도 효율화모델의 기대효과 및 법제도 정비방향

제6장 어업지도 효율화모델의 기대효과 및 법제도 정비방향

제1절 어업지도 효율화모델 개발을 위한 법제도 정비 방향

1. 법제도 현황

<표 6-1> 법제도 현황

구분		데이터 수집	데이터 연계	통합시스템 구축 및 운영(전산화)	정보 공개	담당 조직
정보구축	수산업법	○				
	수산자원관리법	○				
	어촌·어항법	○				
	해양생태계의 보전 및 관리에 관한 법률	○		○		
	연안관리법	○				
	해양환경관리법	○			○	
	어선법	○			○	
	국가해양환경정보통합 관리에 관한 규정				○	
정보공개	전자정부법 제 36조		○		○	
	공공기관의 정보공개에 관한 법률 시행령		○			
	개인정보 보호법	○			○	
	개인정보 보호법 시행령					
위치정보	선박안전 조업규칙	○				
	해사안전법				○	
	위치정보의 보호 및 이용 등에 관한 법률	○			○	
	위치정보의 보호 및 이용 등에 관한 법률 시행령	○				
신규 (개선)	불법어업관리 전산화			○		○

1) 정보 구축 관련 법률

수산업법

제96조(수산데이터베이스의 구축) ① 해양수산부장관은 수산정책의 합리적 결정에 필요한 자료를 확보하기 위하여 연·근해어업의 업종별·수역별 조업상황과 어획실적 및 수산자원 분포현황 등을 조사하여 수산데이터베이스를 구축하고 이를 유지·관리하여야 한다.
② 제41조 및 제42조에 따라 연안어업·근해어업 또는 한시어업의 허가를 받은 자는 해양수산부령으로 정하는 바에 따라 제1항에 따른 수산데이터베이스의 구축에 필요한 자료를 해양수산부장관에게 보고하여야 한다.

수산자원관리법

제13조(수산자원관리의 정보화) ① 해양수산부장관은 수산자원의 체계적 관리를 위하여 제10조 및 제11조에 따른 수산자원의 조사나 정밀조사 및 평가 자료를 기초로 수산자원의 생태·서식지·어업현황 등에 대하여 수산자원종합정보 데이터베이스를 구축·운영할 수 있다.

어촌·어항법

제47조(어항운영전산망의 구축·운영) ① 해양수산부장관은 어항운영과 관련된 정보관리 및 민원사무처리 등을 위하여 필요한 경우에 어항운영전산망을 구축하여 운영할 수 있다.

해양생태계의 보전 및 관리에 관한 법률

제7조(해양생태계정보체계의 구축·운영) ①해양수산부장관은 해양생태계에 관한 지식정보의 원활한 생산·보급 등을 위하여 해양생태, 해양생물종 및 서식지 정보 등을 전산화한 해양생태계정보체계(이하 "해양생태계정보체계"라 한다)를 구축·운영할 수 있다.

연안관리법

제34조의2(연안정보체계의 구축 및 관리 등) ① 해양수산부장관은 통합계획, 지역계획 또는 연안관리정책의 합리적인 수립과 집행을 위하여 다음 각 호의 사항이 포함된 연안정보체계를 구축하고 관리하여야 한다. <개정 2017.4.18.>
1. 연안의 지형(地形)·지물(地物) 등의 위치 및 속성
2. 연안 이용 현황
3. 해안선 등에 대한 지리정보
4. 항만·어항·도로·산업·도시·해양수산자원 등에 대한 인문정보·사회정보

해양환경관리법

제11조(해양환경정보망) ①해양수산부장관은 「해양환경 보전 및 활용에 관한 법률」 제21조에 따라 해양환경정보망을 구축하고 국민에게 해양환경정보를 제공하여야 한다.

어선법

제31조(어선거래시스템 등의 구축·운영) ① 해양수산부장관은 어선 및 제3조에 따른 어선의 설비(제5조에 따른 무선설비를 포함한다. 이하 "어선설비등"이라 한다)의 거래와 관련하여 어업인의 편의, 거래의 투명성 및 효율성을 증진하기 위하여 어선거래시스템을 구축·운영할 수 있다.
② 해양수산부장관은 제1항에 따른 어선거래시스템(이하 "어선거래시스템"이라 한다)을 통하여 어선 및 어선설비등의 매매 또는 임대차와 관련한 정보를 해당 정보를 요청하는 자에게 제공할 수 있다. 이 경우 해양수산부장관은 어선소유자 등 개인의 사생활의 비밀 또는 자유를 침해하는 정보를 제공해서는 아니 되며, 제공하는 정보에 「개인정보 보호법」 제2조제1호에 따른 개인정보가 포함된 경우에는 같은 조 제3호에 따른 정보주체의 동의를 받아야 한다.
③ 해양수산부장관은 어선거래시스템의 효율적인 운영을 위하여 다음 각 호의 정보에 대한 데이터베이스를 구축·운영할 수 있다.
1. 제13조제1항에 따른 어선의 등록, 제17조에 따른 어선의 변경등록 및 제19조에 따른 등록의 말소에 관한 정보
2. 제21조에 따른 어선의 검사에 관한 정보
3. 「수산업법」 제8조에 따른 어업의 면허, 같은 법 제41조 및 제42조에 따른 어업의 허가, 같은 법 제47조에 따른 어업의 신고에 관한 정보
4. 그 밖에 어선거래시스템의 효율적인 운영을 위한 정보로서 해양수산부령으로 정하는 정보
④ 해양수산부장관은 어선거래시스템의 운영을 위하여 필요한 경우에는 해양수산부령으로 정하는 바에 따라 전산정보처리조직에 의하여 어선거래시스템의 관리·운영 및 제3항에 따른 데이터베이스의 관리 업무를 처리할 수 있다.
⑤ 해양수산부장관은 어선 및 어선설비등 거래의 투명성 확보 및 어선정책의 수립을 위하여 필요한 경우 제31조의2에 따라 어선중개업의 등록을 한 자에게 어선 및 어선설비등의 거래에 관한 정보를 요청할 수 있다. 이 경우 자료의 제출을 요청받은 자는 특별한 사정이 없으면 이에 따라야 한다.
⑥ 해양수산부장관은 제3항에 따른 데이터베이스의 구축·운영을 위하여 필요한 경우 시장·군수·구청장에게 자료의 제공을 요청할 수 있다.

국가해양환경정보통합관리에 관한 규정

제15조(공공정보화의 추진) ① 국가기관등은 행정 업무의 효율성 향상과 국민 편익 증진 등을 위하여 행정, 보건, 사회복지, 교육, 문화, 환경, 과학기술, 재난안전 등 소관 업무에 대한 정보화를 추진하여야 한다.
제18조(지식·정보의 공유·유통) 국가기관등은 국가정보화의 추진을 통하여 창출되는 각종 지식과 정보가 사회 각 분야에 공유·유통될 수 있도록 필요한 기반을 마련하여야 한다.

2) 정보 공개 관련 법률

전자정부법

제36조(행정정보의 효율적 관리 및 이용) ① 행정기관등의 장은 수집·보유하고 있는 행정정보를 필요로 하는 다른 행정기관등과 공동으로 이용하여야 하며, 다른 행정기관등으로부터 신뢰할 수 있는 행정정보를 제공받을 수 있는 경우에는 같은 내용의 정보를 따로 수집하여서는 아니 된다.
② 행정정보를 수집·보유하고 있는 행정기관등(이하 "행정정보보유기관"이라 한다)의 장은 다른 행정기관등과 「은행법」 제8조제1항에 따라 은행업의 인가를 받은 은행 및 대통령령으로 정하는 법인·단체 또는 기관으로 하여금 행정정보보유기관의 행정정보를 공동으로 이용하게 할 수 있다. <개정 2010.5.17.>
③ 행정안전부장관은 행정기관 등의 행정정보 목록을 조사·작성한 내용을 정보시스템을 통하여 공표하고, 행정기관등이 공동이용을 필요로 하는 행정정보에 대한 수요조사를 할 수 있다. <개정 2013.3.23., 2014.1.28., 2014.11.19., 2017.7.26.>
④ 중앙사무관장기관의 장은 행정정보의 생성·가공·이용·제공·보존·폐기 등 행정정보의 효율적 관리를 위하여 관련 법령 및 제도의 개선을 추진하여야 한다.
⑤ 행정안전부장관은 다른 중앙사무관장기관의 장과 협의하여 행정정보의 공동이용에 대한 기준과 절차 등에 관한 지침을 마련하여 고시할 수 있다. <개정 2013.3.23., 2014.11.19., 2017.7.26.>
⑥ 제3항에 따른 행정정보 목록의 조사 방법 등에 필요한 사항은 대통령령으로 정한다. <신설 2014.1.28.>

공공기관의 정보공개에 관한 법률 시행령

제9조(정보생산 공공기관의 의견청취) 공공기관은 공개 청구된 정보의 전부 또는 일부가 다른 공공기관이 생산한 정보인 경우에는 그 정보를 생산한 공공기관의 의견을 들어 공개 여부를 결정하여야 한다.

제10조(관계 기관 및 부서 간의 협조) ① 정보공개 청구업무를 처리하는 부서는 관계 기관 또는 다른 부서의 협조가 필요할 때에는 정보공개 청구서를 접수한 후 처리기간의 범위에서 회신기간을 분명히 밝혀 협조를 요청하여야 한다. ② 제1항에 따라 협조를 요청받은 기관 또는 부서는 그 회신기간 내에 회신하여야 한다.

제13조(부분 공개) 공공기관은 법 제14조에 따라 부분 공개 결정을 하는 경우에는 공개하지 아니하는 부분에 대하여 비공개 이유와 불복의 방법 및 절차를 구체적으로 밝혀야 한다.

개인정보 보호법

제15조(개인정보의 수집·이용) ① 개인정보처리자는 다음 각 호의 어느 하나에 해당하는 경우에는 개인정보를 수집할 수 있으며 그 수집 목적의 범위에서 이용할 수 있다.
1. 정보주체의 동의를 받은 경우
2. 법률에 특별한 규정이 있거나 법령상 의무를 준수하기 위하여 불가피한 경우
3. 공공기관이 법령 등에서 정하는 소관 업무의 수행을 위하여 불가피한 경우
4. 정보주체와의 계약의 체결 및 이행을 위하여 불가피하게 필요한 경우
5. 정보주체 또는 그 법정대리인이 의사표시를 할 수 없는 상태에 있거나 주소불명 등으로 사전 동의를 받을 수 없는 경우로서 명백히 정보주체 또는 제3자의 급박한 생명, 신체, 재산의 이익을 위하여 필요하다고 인정되는 경우
6. 개인정보처리자의 정당한 이익을 달성하기 위하여 필요한 경우로서 명백하게 정보주체의 권리보다 우선하는 경우. 이 경우 개인정보처리자의 정당한 이익과 상당한 관련이 있고 합리적인 범위를 초과하지 아니하는 경우에 한한다.
② 개인정보처리자는 제1항제1호에 따른 동의를 받을 때에는 다음 각 호의 사항을 정보주체에게 알려야 한다. 다음 각 호의 어느 하나의 사항을 변경하는 경우에도 이를 알리고 동의를 받아야 한다.
1. 개인정보의 수집·이용 목적
2. 수집하려는 개인정보의 항목
3. 개인정보의 보유 및 이용 기간
4. 동의를 거부할 권리가 있다는 사실 및 동의 거부에 따른 불이익이 있는 경우에는 그 불이익의 내용

제17조(개인정보의 제공) ① 개인정보처리자는 다음 각 호의 어느 하나에 해당되는 경우에는 정보주체의 개인정보를 제3자에게 제공(공유를 포함한다. 이하 같다)할 수 있다.
1. 정보주체의 동의를 받은 경우
2. 제15조제1항제2호·제3호 및 제5호에 따라 개인정보를 수집한 목적 범위에서 개인정보를 제공하는 경우
② 개인정보처리자는 제1항제1호에 따른 동의를 받을 때에는 다음 각 호의 사항을 정보주체에게 알려야 한다. 다음 각 호의 어느 하나의 사항을 변경하는 경우에도 이를 알리고 동의를 받아야 한다.
1. 개인정보를 제공받는 자
2. 개인정보를 제공받는 자의 개인정보 이용 목적
3. 제공하는 개인정보의 항목
4. 개인정보를 제공받는 자의 개인정보 보유 및 이용 기간
5. 동의를 거부할 권리가 있다는 사실 및 동의 거부에 따른 불이익이 있는 경우에는 그 불이익의 내용

③ 개인정보처리자가 개인정보를 국외의 제3자에게 제공할 때에는 제2항 각 호에 따른 사항을 정보주체에게 알리고 동의를 받아야 하며, 이 법을 위반하는 내용으로 개인정보의 국외 이전에 관한 계약을 체결하여서는 아니 된다.

제18조(개인정보의 목적 외 이용·제공 제한) ① 개인정보처리자는 개인정보를 제15조제1항에 따른 범위를 초과하여 이용하거나 제17조제1항 및 제3항에 따른 범위를 초과하여 제3자에게 제공하여서는 아니 된다.
② 제1항에도 불구하고 개인정보처리자는 다음 각 호의 어느 하나에 해당하는 경우에는 정보주체 또는 제3자의 이익을 부당하게 침해할 우려가 있을 때를 제외하고는 개인정보를 목적 외의 용도로 이용하거나 이를 제3자에게 제공할 수 있다. 다만, 제5호부터 제9호까지의 경우는 공공기관의 경우로 한정한다.
1. 정보주체로부터 별도의 동의를 받은 경우
2. 다른 법률에 특별한 규정이 있는 경우
3. 정보주체 또는 그 법정대리인이 의사표시를 할 수 없는 상태에 있거나 주소불명 등으로 사전 동의를 받을 수 없는 경우로서 명백히 정보주체 또는 제3자의 급박한 생명, 신체, 재산의 이익을 위하여 필요하다고 인정되는 경우
4. 통계작성 및 학술연구 등의 목적을 위하여 필요한 경우로서 특정 개인을 알아볼 수 없는 형태로 개인정보를 제공하는 경우
5. 개인정보를 목적 외의 용도로 이용하거나 이를 제3자에게 제공하지 아니하면 다른 법률에서 정하는 소관 업무를 수행할 수 없는 경우로서 보호위원회의 심의·의결을 거친 경우
6. 조약, 그 밖의 국제협정의 이행을 위하여 외국정부 또는 국제기구에 제공하기 위하여 필요한 경우
7. 범죄의 수사와 공소의 제기 및 유지를 위하여 필요한 경우
8. 법원의 재판업무 수행을 위하여 필요한 경우
9. 형(刑) 및 감호, 보호처분의 집행을 위하여 필요한 경우
③ 개인정보처리자는 제2항제1호에 따른 동의를 받을 때에는 다음 각 호의 사항을 정보주체에게 알려야 한다. 다음 각 호의 어느 하나의 사항을 변경하는 경우에도 이를 알리고 동의를 받아야 한다.
1. 개인정보를 제공받는 자
2. 개인정보의 이용 목적(제공 시에는 제공받는 자의 이용 목적을 말한다)
3. 이용 또는 제공하는 개인정보의 항목
4. 개인정보의 보유 및 이용 기간(제공 시에는 제공받는 자의 보유 및 이용 기간을 말한다)
5. 동의를 거부할 권리가 있다는 사실 및 동의 거부에 따른 불이익이 있는 경우에는 그 불이익의 내용
④ 공공기관은 제2항제2호부터 제6호까지, 제8호 및 제9호에 따라 개인정보를 목적 외의 용도로 이용하거나 이를 제3자에게 제공하는 경우에는 그 이용 또는 제공의 법적 근거, 목적 및 범위 등에 관하여 필요한 사항을 행정안전부령으로 정하는 바에 따라 관보 또는 인터넷 홈페이지 등에 게재하여야 한다.
⑤ 개인정보처리자는 제2항 각 호의 어느 하나의 경우에 해당하여 개인정보를 목적 외의 용도로 제3자에게 제공하는 경우에는 개인정보를 제공받는 자에게 이용 목적, 이용 방법,

그 밖에 필요한 사항에 대하여 제한을 하거나, 개인정보의 안전성 확보를 위하여 필요한 조치를 마련하도록 요청하여야 한다. 이 경우 요청을 받은 자는 개인정보의 안전성 확보를 위하여 필요한 조치를 하여야 한다.

제58조(적용의 일부 제외) ① 다음 각 호의 어느 하나에 해당하는 개인정보에 관하여는 제3장부터 제7장까지를 적용하지 아니한다.
1. 공공기관이 처리하는 개인정보 중 「통계법」에 따라 수집되는 개인정보
2. 국가안전보장과 관련된 정보 분석을 목적으로 수집 또는 제공 요청되는 개인정보
3. 공중위생 등 공공의 안전과 안녕을 위하여 긴급히 필요한 경우로서 일시적으로 처리되는 개인정보
② 제25조제1항 각 호에 따라 공개된 장소에 영상정보처리기기를 설치·운영하여 처리되는 개인정보에 대하여는 제15조, 제22조, 제27조제1항·제2항, 제34조 및 제37조를 적용하지 아니한다.
④ 개인정보처리자는 제1항 각 호에 따라 개인정보를 처리하는 경우에도 그 목적을 위하여 필요한 범위에서 최소한의 기간에 최소한의 개인정보만을 처리하여야 하며, 개인정보의 안전한 관리를 위하여 필요한 기술적·관리적 및 물리적 보호조치, 개인정보의 처리에 관한 고충처리, 그 밖에 개인정보의 적절한 처리를 위하여 필요한 조치를 마련하여야 한다.

개인정보 보호법 시행령

제15조(개인정보의 목적 외 이용 또는 제3자 제공의 관리) 공공기관은 법 제18조제2항 각 호에 따라 개인정보를 목적 외의 용도로 이용하거나 이를 제3자에게 제공하는 경우에는 다음 각 호의 사항을 행정안전부령으로 정하는 개인정보의 목적 외 이용 및 제3자 제공 대장에 기록하고 관리하여야 한다.
1. 이용하거나 제공하는 개인정보 또는 개인정보파일의 명칭
2. 이용기관 또는 제공받는 기관의 명칭
3. 이용 목적 또는 제공받는 목적
4. 이용 또는 제공의 법적 근거
5. 이용하거나 제공하는 개인정보의 항목
6. 이용 또는 제공의 날짜, 주기 또는 기간
7. 이용하거나 제공하는 형태
8. 법 제18조제5항에 따라 제한을 하거나 필요한 조치를 마련할 것을 요청한 경우에는 그 내용

3) 위치 정보 관련 법률

선박안전 조업규칙[시행 2017.7.28.] [해양수산부령 제251호, 2017.7.28., 타법개정]

제23조(어업정보통신국에의 가입 및 위치보고 등) ① 통신기가 설치된 어선은 선적항 또는 인근지역을 관할하는 어업정보통신국에 교신가입을 하고 별지 제8호서식의 어업정보통신국가입증을 발급받아야 하며 다음 각 호의 구분에 따라 <u>특정해역 출어선은 지정 어업정보통신국에, 그 밖의 해역 출어선은 출항지 어업정보통신국에 위치보고를 하여야 한다</u>. 다만, 지정 어업정보통신국이나 출항지 어업정보통신국과 교신이 불가능할 때에는 인근 어업정보통신국에 중계보고할 것을 의뢰하여야 하며, 중계보고의 의뢰를 받은 인근 어업정보통신국은 지체 없이 해당 지정 어업정보통신국이나 출항지 어업정보통신국에 이를 알려야 한다. <개정 2010.1.14.>
1. 특정해역 출어선 : 1일 3회 이상
2. 조업자제해역 출어선 : 1일 2회 이상
3. 일반해역 출어선 : 1일 1회 이상

해사안전법

<u>제37조(선박위치정보의 공개 제한 등)</u> ① 항해자료기록장치 등 해양수산부령으로 정하는 전자적 수단으로 선박의 항적(航跡) 등을 기록한 정보(이하 "선박위치정보"라 한다)를 보유한 자는 다음 각 호의 경우를 제외하고는 선박위치정보를 공개하여서는 아니 된다. <개정 2013.3.23.>
<u>1. 선박위치정보의 보유권자가 그 보유 목적에 따라 사용하려는 경우</u>
2. 「해양사고의 조사 및 심판에 관한 법률」 제16조에 따른 조사관 등이 해양사고의 원인을 조사하기 위하여 요청하는 경우
3. 「재난 및 안전관리 기본법」 제3조제7호에 따른 긴급구조기관이 급박한 위험에 처한 선박 또는 승선자를 구조하기 위하여 요청하는 경우
4. 6개월 이상의 기간이 지난 선박위치정보로서 해양수산부령으로 정하는 경우

위치정보의 보호 및 이용 등에 관한 법률 (약칭: 위치정보법)

제15조(위치정보의 수집 등의 금지) ① 누구든지 개인 또는 소유자의 동의를 얻지 아니하고 당해 개인 또는 이동성이 있는 물건의 위치정보를 수집·이용 또는 제공하여서는 아니된다. 다만, 다음 각 호의 어느 하나에 해당하는 경우에는 그러하지 아니하다. <개정 2012.5.14.>
1. 제29조제1항에 따른 긴급구조기관의 긴급구조요청 또는 같은 조 제7항에 따른 경보발송요청이 있는 경우
2. 제29조제2항에 따른 경찰관서의 요청이 있는 경우
<u>3. 다른 법률에 특별한 규정이 있는 경우</u>

제19조(개인위치정보의 이용 또는 제공) ① 위치기반서비스사업자가 개인위치정보를 이용하여 서비스를 제공하고자 하는 경우에는 미리 다음 각호의 내용을 이용약관에 명시한 후 개인위치정보주체의 동의를 얻어야 한다.
1. 위치기반서비스사업자의 상호, 주소, 전화번호 그 밖의 연락처
2. 개인위치정보주체 및 법정대리인(제25조제1항의 규정에 의하여 법정대리인의 동의를 얻어야 하는 경우에 한한다)의 권리와 그 행사방법
3. 위치기반서비스사업자가 제공하고자 하는 위치기반서비스의 내용
4. 위치정보 이용·제공사실 확인자료의 보유근거 및 보유기간
5. 그 밖에 개인위치정보의 보호를 위하여 필요한 사항으로서 대통령령이 정하는 사항
②위치기반서비스사업자가 개인위치정보를 개인위치정보주체가 지정하는 제3자에게 제공하는 서비스를 하고자 하는 경우에는 제1항 각호의 내용을 이용약관에 명시한 후 제공받는 자 및 제공목적을 개인위치정보주체에게 고지하고 동의를 얻어야 한다.

제20조(위치정보사업자의 개인위치정보 제공 등) ① 제19조제1항 또는 제2항의 규정에 의하여 개인위치정보주체의 동의를 얻은 위치기반서비스사업자는 제19조제1항 또는 제2항의 이용 또는 제공목적을 달성하기 위하여 해당 개인위치정보를 수집한 위치정보사업자에게 해당 개인위치정보의 제공을 요청할 수 있다. 이 경우 위치정보사업자는 정당한 사유없이 제공을 거절하여서는 아니된다.
②제1항의 규정에 의하여 위치정보사업자가 위치기반서비스사업자에게 개인위치정보를 제공하는 절차 및 방법에 대하여는 대통령령으로 정한다.

제35조(위치정보의 이용촉진) ① 방송통신위원회는 관계중앙행정기관의 장과 협의를 거쳐 위치정보의 보호 및 이용을 위하여 공공, 산업, 생활 및 복지 등 각 분야에서 관련 기술 및 응용서비스의 효율적인 활용과 보급을 촉진하기 위한 사업을 대통령령이 정하는 바에 의하여 실시할 수 있다.

위치정보의 보호 및 이용 등에 관한 법률 시행령 (약칭: 위치정보법 시행령)

제25조(위치정보의 요청 및 제공) ① 위치기반서비스사업자는 법 제20조제1항에 따라 다음 각 호의 사항을 갖추어 위치정보사업자에게 개인위치정보를 요청하여야 한다.
1. 개인위치정보주체의 동의를 받은 사실
2. 개인위치정보의 범위 및 기간
② 제1항에 따른 요청을 받은 위치정보사업자는 개인위치정보를 제공하려는 경우에는 미리 개인위치정보주체의 동의 여부를 확인하여야 한다.
③ 법 제20조제2항에 따른 개인위치정보의 제공 절차 및 방법 등에 관한 세부사항은 방송통신위원회가 정하여 고시할 수 있다.

2. 법제도 정비방향

1) 전산 정보의 연계 수집[44]

○ 전산정보 조직의 구성
- 빅데이터를 활용한 어업지도 효율화모델 관리 부서

○ 빅데이터 통합관리 (전산화)
- 빅데이터를 활용한 어업지도 효율화모델 전산처리

○ 정보공개 관련 내용
- 어업지도 모델의 공개 범위에 대한 규정

---

[44] 참고 사례 : 자동차 관리법 제69조(자동차관리의 전산처리)

제2절 빅데이터를 활용한 어업지도 효율화모델 개발의 기대효과

1. 사회·경제적 기대효과

о 효율적인 어업지도를 통해 지속가능한 연근해 어업을 실현하고 어업 경쟁력을 제고할 수 있는 기반을 마련할 것으로 기대됨

о 어업지도와 관련한 다양한 정보를 확보함으로써 궁극적으로는 수산정책 추진을 위한 다양한 정보를 확보하는 데 기여할 것으로 기대됨

2. 기술적 기대효과

о 빅데이터를 활용할 수 있는 기술적 기반을 마련하여 향후 수산 정책 전반적으로 빅데이터 활용 기술을 향상시킬 수 있을 것으로 기대함

3. 정책적 기대효과

о 불법어업 예측 모형을 개발하여 선제적인 어업지도를 가능케 함으로서 불법어업 단속 등 어업지도의 한계점을 보완하여 어업지도 정책의 효율성을 제고할 것으로 기대함

4. 어업지도 효율화모델 활용방안

о 불법어업 예측 모형을 개발하여 선제적인 어업지도를 가능케 함으로서 불법어업 단속 등 어업지도의 한계점을 보완하여 어업지도 정책의 효율성을 제고할 수 있는 기초자료로 활용함

о 빅데이터를 활용한 불법어업 예측 모형 개발을 위한 기술적·경제적 근거 자료로 활용함

о 관련 학술연구 및 수산정책 전반적으로 빅데이터 활용을 위한 기술적 기반을 마련하는데 기초자료로 활용함

참 고 문 헌

<국내 문헌>

광주광역시, 빅데이터 분석을 통한 교통사고 예방방안 연구, 2015.
국가정보화전략위원회, 데이터를 활용한 스마트 정부 구현(안), 2011.
김배현, 해외 주요국가의 빅데이터 정책 비교 분석, 한국콘텐츠학회 제12권 제1호, 2014.
김성현, 선미란, 빅데이터 국내 활용 현황과 시사점-미래부 빅데이터 시범사업을 중심으로, 정보처리학회지 제 22권4호, 2015.
노성훈, 시공간 분석과 위험영역모델링을 활용한 범죄예측모형의 예측력 검증, 2015.
농림수산식품부, 우리나라 어업지도·단속의 실효성 제고에 관한 연구, 한국수산회 수산정책연구소, 2009.
박광효, 어업지도·단속의 해외사례 분석, 수산정책연구소, 2009.
박성우, 우리나라 어업지도·단속 행정의 실태와 나아갈 방향, 수산정책연구 제 7권, 2010.
배동민외, 빅데이터 동향 및 정책 시사점, 정보통신정책연구 제25권 10호, 2013.
손영우, 우리나라 불법어업 단속체제의 개선에 관한 연구, 2005.
수산업협동조합 수산경제연구원, 연근해어업의 자율적 수산자원 관리 방안, 2015.
신신애, 빅데이터 포럼 발표자료(창조경제와 정부 3.0을 위한 빅데이터), 2015.
안경림, 해양수산빅데이터 활용방안. 2015.
이재준, 한림ICT정책저널 빅데이터와 헬스커뮤니케이션 2016.02 빅데이터 기술 동향
이종근, 불법어업 단속제도에 관한 연구, 수산해양교육연구 제22권 제3호, 2010.
정용찬,한은영, 빅데이터 산업 촉진 전략 연구 해외 주요국 정부 사례를 중심으로, 정보통신정책연구원, 2014.
정용찬. 빅데이터 혁명과 미디어 정책 이슈. KISDI Premium report, 2012, 2: 2012.
최종화 외, 우리나라 연근해 불법어업의 유형과 발생원인, 海事問題硏究, 제8집, 2002.
최종화 외, 우리나라 연근해 불법어업의 유형별 발생원인과 어업질서 확립방안에 관한 연구, 수산해양교육연구 제14권 제2호 통권 제26호, 2002.
한국과학기술기획평가원, 연구개발부문 사업의 예비타당성 조사 표준지침, 2014.
한국법제연구원, 불법어업 유형별 분석과 지도단속 및 제도개선 방안 연구, 2014.
한국정보화진흥원, 2016년 빅데이터 시범사업 및 산업별 전략모델 추진 계획(안), 2016.

한국해양수산개발원, 2014년도 현안분석과제 합본집, 기술혁신 대응 분야-해양수산분야 빅데이터 활용방안, 2014.
한국해양수산개발원, 해양수산 빅데이터 활용 서비스 개발 연구, 2016.
해양수산부, 2015년 국가정보화 시행계획, 2014.
해양수산부, 어업관리 역량강화 및 효율화 방안 연구, 한국수산회 수산정책연구소, 2013.
홍봉희, 해양수산빅데이터 활용시스템 및 기술개발 연구, 빅데이터 처리 플랫폼연구센터. 해양수산빅데이터포럼 6차 세미나, 2015.

<국외 문헌>

Andrew Guthrie Ferguson, Predictive Policing and Reasonable Suspicion, 2012.
Environment Justice Foundation, OCEANA, The PEW, WWF, Risk Assessment and Verification of Catch Certificates under the EU IUU Regulation, 2016.
FENN, Jackie; LEHONG, Hugo. Hype cycle for emerging technologies, 2011. Gartner, July, 2011.
Gartner, "The Importance of 'Big Data': A Definition", 2012. 6.
Grant Humphries, Combatting illegal fishing with computer algorithms: a model for IT-based risk assessment to support implementation the EU IUU Regulation, IUUWATCH, 2017.
IDC, "Big Data technology and services forecast", 2012. 3.
LANEY, Doug. Application delivery strategies. META Group, Stamford, 2001.
McKinsey Global Institute, Big data: The next frontier for innovation, competition, and productivity, 2011. 6.

<웹사이트 및 홈페이지>

국토교통부 V-WORLD 지도서비스(http://map.vworld.kr/)
도로 교통공단 교통사고분석시스템(http://taas.koroad.or.kr/)
법제처 국가법령정보센터(http://law.go.kr/)
한국형사정책 연구원(https://www.kic.re.kr)
한국해양수산개발원(http://www.kmi.re.kr)
해양수산부(http://www.mof.go.kr/)
행정자치부 공공 데이터 포탈(빅데이터)(https://www.data.go.kr/bigdata/analysis16.html)
FAO(http://www.fao.org/fishery/topic/16605/en)
IDCKorea(http://www.kr.idc.asia/)

IUU WATCH(http://www.iuuwatch.eu/)

OCEANA (http://www.oceana.org/)

Open Geospatial Consortium(http://www.opengeospatial.org/)

RISK TERRAIN MODELING(http://www.riskterrainmodeling.com/)

Skylight(http://www.skylight.global)

THE PLACE FOR SPATIAL RISK ANALYSIS(http://www.rutgerscps.org)

Vulcan(http://www.vulcan.com/)

부록

<자문 회의 결과>

1) 해양수산부

일 시	2017.9.12	장 소	해양수산부 1층 회의공간
참석자	소득복지과 양일동 주무관, KMI 엄선희 박사, (주)빌리언21 김상순 이사, 차기영 차장, (주)오션인포 정윤이 과장 이상 5 명
회 의 주 제	빅데이터를 활용한 어업지도 효율화모델 개발을 위한 협의
회 의 결 과	▷ 불법어업 처분결과가 시스템에 등록되면, 해경, 어업관리단, 해수부, 수협이 활용 할 수 있는 시스템은 구축되어 있음. ▷ 불법어업 단속정보는 해수부에 보관되고 있지 않는 상태임(어업관리단이나 해경에서 자체 관리하는 상황임) ▷ 불법어업 단속결과, 처분이 완료되고 지자체에서 등록한 정보는 해경, 어업관리단, 본부에서 공유하고 있는 상황임 (지자체에서 시스템에 등록한 불법어업 처분사항에 대해서는 부처 간 공유가 가능하지만, 지자체서 입력하지 않으면, 정보공유가 불가능한 상황임 => 해당 정보의 입력에 대한 법적 제도가 미비한 상태임) ▷ 불법어업 단속 후, 처분과정 및 처분 결과에 대한 정보등록 및 관리체계에 대한 처리기준 및 처리를 위한 법령 정비가 필요함. ▷ 해경에서 해수부로부터 조회하는 주된 정보의 종료는 "어업인허가"정보임 ▷ 해경과 어업관리단이 서로 단속정보를 전자적으로 교환/공유 할 수 있는 법적인 보완과 시스템 구축이 필요함.

2) 서해어업관리단

| 일 시 | 2017.9.12 | 장 소 | 서해어업관리단 회의실 |

참 석 자: 서해어업관리단 박정균계장, 김한민, KMI 엄선희 박사, (주)빌리언21 조보현 대표, 김상순 이사, 이상 5 명

회 의 주 제: 빅데이터를 활용한 어업지도 효율화모델 개발을 위한 협의

회 의 결 과:

1. 어업관리단에서 불법어업 관련정보가 단속이외에 활용되는 사례
   가. 국회에서의 자료요구
   나. 어업협상 시, 참고 및 제시용 자료
2. 현재 시스템에서는 각 어업관리단의 단속정보만이 독립적으로 조회되고 있는 상황임. (즉 다른 어업관리단 정보를 조회가 불가능한 상황임)
3. 어업관리단의 총 단속건수는 연간 약 3,000건 정도임
4. 동해, 서해, 남해 어업관리단의 단속정보가 정형화되어 공통의 형태를 활용하는 것이 효과적이라고 판단됨
   가. 현재, 각 관리단은 고유의 정보형태를 사용하고 있음
   나. 워크샵등을 통하여 각 관리단의 담당자들이 모여서, 공동으로 사용 할 수 있는 표준포맷을 설정할 필요가 있음.
5. 어업관리단과 지자체와의 업무 진행상황
   가. 2015년 감사지적사항을 토대로 지자체로 전달된 단속정보에 대한 후속조치 진행업무방식을 개선한 결과, 단속결과에 대한 행정처분에 대한 요청 및 처분결과 확인은 가능한 상황임.
   나. 단, 처분된 정보가 시스템에 등록되어 관리되는 것에 대한 강제성은 없는 상황임.
   다. 지자체에 단속에 대한 처분을 요청 할 수 있지만, 처분결과에 대한 정보관리는 요청 할 수 있는 상황이 아님
6. 불법어업 단속정보와 처분정보는 공문형태로 지자체와 수협으로

전달되고 있는 상황임.
7. 서해어업관리단에서는 연간 단속실적은 약 800여건인 상황임.
8. 불법어업 행정처분 확정 시, 수협으로 면세유 제한정보를 전달하고 있음.
9. 2017년9월13일 현재, 5명의 어선중개인이 등록신청한 상태임.
10. 불법어업 신고 및 단속요청은 많지만, 지도선 부족으로 모든 요청에 대한 단속을 실시할 수 있는 상황이 아님.
11. 서해어업관리단은 매년 업종별, 시기별, 지역별, 위반형태별 불법어업에 대한 자료를 분석하여 단속계획에 반영하고 있는 상황임. 그러나, 추가 데이터 혹은 예측 데이터가 있다면 더욱 효과적인 단속이 가능할 것으로 판단됨.
12. IUU 시스템 현황
    가. 시스템 위치 : 서해어업관리단
    나. 웹서버, DB서버, 스트리밍서버 등으로 기능별로 구분되어 있음.
    다. 보안에 대한 사항은 해수부 사이버안전센터의 검증을 받고 있음
    라. 시스템 운영현황 : 현재 시범운영상태이며, 11월까지 시범운영예정
    마. 시스템 실제적용 계획 : 시범운영 종료 후, 중국을 포함한 각 기관 협의를 통해 결정 예정임

3) 수협중앙회

일 시	2017.9.22	장 소	**수협중앙회 회의실**

참 석 자	수협중앙회 수산법제과 여병조 과장, 박기흥 차장, EEZ과 임석한 과장, 이해성 KMI 엄선희 박사, (주)빌리언21 조보현 대표, 김명주 상무, 이병훈 부장 이상 8명

회의주제	빅데이터를 활용한 어업지도 효율화모델 개발을 위한 협의

회의결과	1. 불법어업 관련 법 개선 사항 협의 　가. 향후 수협중앙회에서 데이터를 수집할 때 법 개선 필요 　나. 어업자간의 협약을 통해 불법 조업을 스스로 단속할 수 있도록 고민하고 있으며, 해당시스템 구축 고려 및 법 개선 고려 2. 2017년 6월에 어선법 시행 규칙에 어선 위치발신장차로 어선의 안전운항, 불법어업의 단속, 해양 사고 목적으로 사용하도록 법이 개정함으로 어민들이 반발하고 있다고 함. 3. 불법어업에 대한 자료를 수집해야 할 항목 요청 　가. 항목(ERD 중 불법어업 관련 컬럼) 제공 가능 　나. 데이터는 공문을 받고 내부 검토 후 제공 　다. 데이터 제공 시 위치정보 보호법, 개인정보보호법을 고려해야 함. 4. 보유한 데이터 양과 기간 　가. 실시간 연근해 중국 어선 감시 정보는 99년 이후 계속 축적함. 　나. 연근해 어선은 하루에 한번만 받음 5. 어선에 설치된 장비 상태 및 정보 　가. 어선들이 장비를 켜지 않고 꺼 놓는 경우가 많다. 　나. AIS (선박자동식별장치)

- 주로 꺼 놓으며 Receiver를 활용하여 다른 선박의 움직을 본다.
    - 400m 이내 10척 정도는 구분할 수 있으나, VHF-DSC 신호 왜곡 현상이 나타난다고 함.
    - AIS는 항적을 제공함
  다. VHF-DSC 2톤 이상 최소 10분 마다 보고하도록 함,
  라. V-PASS (어선위치발신장치)는 2차로 개발된 것은 상요자 임의로 전원 끌 수 없도록 개선했다고 함.
6. 위치정보 통합
  가. AIS, VHF-DSC, V-PASS 위치 정보를 통합하면 한 배가 여러 지점을 표시됨 : 장비별로 보고하는 주기와 시점이 다르기 때문
  나. 어선 안전 관리 시스템 로드맵 구성 2018년 예산 반영
7. 단속에 대한 어려움이 있다
  가. 어선이 조업 구역선을 벗어났을 때 불법어업으로 간주할 수 없다.
  나. 불법 조업을 했다는 증거가 쉽게 찾을 수 없어 단소의 어려움이 있음. - 채증의 어려움
  다. 어선을 조업 후 경매로 수산물을 팔 때 불버 조업 상황을 체크할 수 있으나, 어민이 직접 수산물을 팔 수 있기 때문에 그 또한 채증이 어렵다.
8. 불법 어구 사용에 대해서는 시군구별로 다름
  가. 한척당 3개까지 허가를 가지고 있음, 연안 복합을 5개 등
  나. 남해에는 자망, 통발을 같이 사용할 수 있음.
9. 한.러 어업 협정으로 한국 배가 러시아 어업지역을 들어갈 경우 아르고스 위성으로 통신하는 AIS를 부착해야 함.
10. 해수부에서 관리하는 시스템은 어선 안전 관리시스템이며, 수협에서 관리하는 시스템 어선조업관리시스템이다.

11. 빅데이터 활용 관련 기관 설문지 작성 - 어업정보통신본부

이해성
가. 빅데이터 조직 있음 - 전담인력 2명
나. 운영중인 시스템 : 어선조업정보시스템, 어산안전관리시스템(해양수산부)
다. 어선조업정보시스템은 매뉴얼이 있음
라. 시스템관련 자료는 DB로 관리
마. 빅데이터 교육 및 훈련 받은 적 없음
바. 빅데이터 예정 사업 : 어선조업관리시스템 정보화전략계획 (해수부)

4) 해양경찰청

| 일 시 | 2017.9.22 | 장 소 | 해경 회의실 |

참석자: 해양경비안전본부 해양경비과 경사 임도현, KMI 엄선희 박사, (주)빌리언21 조보현 대표, 이병훈 부장 이상 4명

회의 주제: 빅데이터를 활용한 어업지도 효율화모델 개발을 위한 협의

회의 결과:

1. 단속 정보
   가. 각 해역 단위별로 단속 정보를 가지고 있음.
   나. 중앙 본청에 단속 정보가 통합되어 있지 않음.
   다. 본청은 단속 정보는 평균치 형태로 가지고 제출받아 관리
   라. 조업 동향 정보는 업무현황으로 받아서 처리 - TRS 통신, 상황정파시스템 등
   마. 조업 분포 데이터는 2003년부터 관리함.
   바. 2014년 부터 V-PASS 데이터 관리함.

2. 해경 단속 현황
   가. 해경은 주호 NLL/EEZ (백령, 연평, 소청)관련 어선만 주로 단속
   나. 해경은 허가 수역에 들어오는 무허가 단속을 주로 수행
   다. 해수부의 어업관리단과 단속 방법의 기본 골자는 비슷하며, 경찰로써의 무기를 소유. 사용한다는 것이 다름. 그 외는 다름
   라. 참고로 어업관리단 특별사법 경찰권을 가지고 있음.
   마. 단속 이후에는 외사계에서 수행 - 중국 어선 단속 이후 정보 모두 외사계에서 보관

3. 군과 협력 상황
   가. 해군에 레이더 모니터링 시스템에 해경이 상주

　　나. 불법 어선 모니터링 실시하며, 군 데이터는 외부 반출이 안 됨. 단지 해당 정보를 엑셀를 이용하여 관리함.
4. 기타
　　가. 중간보고 시 가능하면 참석할 예정
　　나. 데이터 요청은 중간 보고 이후에 요청했으면 함. 항목은 어업관리단 항목을 참고하시면 되며, Sample 데이터로 어업관리단을 활용하면 좋을 듯함.

연구 책임자 : 한국해양수산개발원   엄 선 희

참여 연구진   이 정 삼   부연구위원
              안 지 은   연구원
              서 효 정   연구원
              김 미 정   연구보조원
              안 예 린   연구보조원

위탁연구기관 :   (주)빌리언21

빅데이터를 활용한 어업지도 효율화모델 개발 연구

초판 인쇄 2019년 09월 18일
초판 발행 2019년 09월 24일

저 자 해양수산부
발행인 김갑용

발행처 진한엠앤비
주소 서울시 서대문구 독립문로 14길 66 205호(냉천동 260)
전화 02) 364 - 8491(대) / 팩스 02) 319 - 3537
홈페이지주소 http://www.jinhanbook.co.kr
등록번호 제25100-2016-000019호 (등록일자 : 1993년 05월 25일)
ⓒ2019 jinhan M&B INC, Printed in Korea

ISBN 979-11-290-1390-3   (93520)   [정가 15,000원]

☞ 이 책에 담긴 내용의 무단 전재 및 복제 행위를 금합니다.
☞ 잘못 만들어진 책자는 구입처에서 교환해 드립니다.
☞ 본 도서는 [공공데이터 제공 및 이용 활성화에 관한 법률]을 근거로 출판되었습니다.